U0169217

从跟跑到并跑领跑

前行中的我国科技成就集萃

——2021年度河北省社会科学发展研究课题（课题编号：20210601004）——

陈海俊　靳远新　主　编
乔莉娟　陈建奇　王树民　副主编

中国言实出版社

图书在版编目(CIP)数据

从跟跑到并跑、领跑 ：前行中的我国科技成就集萃 / 陈海俊，靳远新主编 . -- 北京 ：中国言实出版社，2022.3
ISBN 978-7-5171-4101-3

Ⅰ . ①从… Ⅱ . ①陈… ②靳… Ⅲ . ①科技成果—汇编—中国—现代 Ⅳ . ① N12

中国版本图书馆 CIP 数据核字 (2022) 第 047246 号

从跟跑到并跑、领跑——前行中的我国科技成就集萃

责任编辑：王建玲
责任校对：史会美

中国言实出版社出版发行
地址：北京市朝阳区北苑路180号加利大厦5号楼105室（100101）
编辑部：北京市海淀区花园路6号院B座6层（100088）
电话：64924853（总编室） 64924716（发行部）
网址：www.zgyscbs.cn
E-mail：zgyscbs@263.net

经销：新华书店
印刷：北京温林源印刷有限公司
版次：2022年5月第1版 2022年5月第1次印刷
规格：880毫米×1230毫米 1/32 9印张
字数：140千字

定价：62.00元
书号：ISBN 978-7-5171-4101-3

序

新中国成立至今，在中国共产党的领导下，我国科技事业从一穷二白的基础上起步，筚路蓝缕，开拓创新，为中华民族迎来从站起来、富起来到强起来的伟大飞跃提供了坚实有力支撑，一代又一代中国科技工作者潜心钻研、终生奉献，于中华民族实现伟大复兴中国梦的征程中书写了自立自强的时代篇章。

新中国成立伊始，我国科技人员不足5万人，其中专门从事科研工作的人员仅600多人，专门的科学研究机构仅30多个，科研设备严重缺乏，基础条件十分落后，现代科学技术几乎一片空白。1949年，以中国科学院成立为代表，各地区各部门相继开始布局建立一批科学研究机构。以钱学森、华罗庚、朱光亚等为代表的海外专家学者破除一切艰难险阻，怀抱对祖国的浓浓感情，纷纷归国效力，他们中大多数人成为新中国各个领域科学技术发展的奠基人、开拓者，带领着全国科研人员在极为困难的条件下自力更生、艰苦奋斗，为新中国科技事业发展做出了突出贡献。至改革开放前，我国已初步形成了由中科院、高校、产业部门、地方科研单位和国防部门五方面组成的科学技术体系，在举国体制下涌现出了一批追赶世界先进水平的重大科技成果：1958 年，我国第一台电子管计算机试制成功；1964 年，我国第一颗原子弹爆炸成功；1965 年，我国在世界上首次人工合成牛胰岛素；1967 年，我国第一颗氢弹空爆成功；1970 年，我国第一颗人造卫星——“东方红一号”发射成功；1972 年，屠呦呦团队成功分离出抗疟有效成分——青蒿素；1973 年，袁隆平及其团队成功培育出世界上第一个实用高产杂交水稻品种“南优二号”……这些于极为困难的条件下取得的重要成就，在我国科技发展历史上写下了浓墨重彩的一笔。

改革开放犹如一场及时雨，我国科技事业由乱到治、由衰到兴，迎来了新的春天。在 1978 年召开的全国科学大会上，邓小平同志提出了“科学技术是生产力”的重要论断，使全国上下统一了思想，明确了目标。为尽快改变科学技术落后状况，中央审时度势，对科技发展进行全面系统规划，先后制定了《1978—1985 年全国科学技术发展规划纲要》等一系列科技发展规划。为保证各项科技规划落地生根、有效配置科技资源，国家又相继出台了一系列有针对性的科技计划，如国家高技术研究发展（863）计划、国家重点基础研究发展（973）计划、集中解决重大问题的科技攻关（支撑）计划、推动高技术产业化的火炬计划、面向农村的星火计划等。各项科技计划顺利实施与科技体制改革的不断深化完善，为我国科技事业的持续发展提供了重要保障与内生动力。这一时期，我国高技术制造业、新兴产业、建筑业和服务业等领域科技能力持续增强，重大产品、重大技术装备和重大科学设备的自主开发能力以及系统成套水平明显提高，科技成果数量快速增长，重大科技突破不断涌现：1983 年，我国首台超级计算机——“银河－Ⅰ”研制成功；1988 年，我国第一座高能加速器——北京正负电子对撞机首次对撞成功；1991 年，我国自己设计建造的第一座核电站——秦山核电站并网发电；1998年，国产第三代战斗机歼–10首次试飞成功；2003 年，我国首次载人航天飞行圆满成功；2007 年，我国第一颗绕月探测卫星——嫦娥一号发射成功；2012 年，我国第一艘航空母舰“辽宁号”正式交付海军……我国科技事业的不断发展壮大，有力支撑了三峡工程、青藏铁路、西气东输、南水北调、奥运会、世博会等重大工程建设和举国盛事，在应对和处置传染病疫情、地质灾害、环境污染、国防安全等重大问题方面发挥了重要保障作用。

党的十八大以来，以习近平同志为核心的党中央将科技创新摆在了国家发展全局的核心位置。2015 年 5 月，国务院印发《中国制造 2025》，部署全面推进实施制造强国战略。党的十九大报告明确提出了到 2035 年跻身创新型国家前列的战略目标。党的十九届五中全会提出，要坚持创新在我国现代化建设全局中的核心地位，把科技自立自强作为国家发展的战略支撑。面向世界科技前沿、面向经济主战场、面向国家重大需求、面向人民生命健康，深入实施科教兴国战略、人才强国战略、创新驱动发展战略，完善国家创新体系，加快建设科技强国。党的十八大以来，我国科技创新事业取得历史性成就、发生历史性变革，重大创新成果竞相涌现：2013 年，“嫦娥三号”携带的“玉兔”月球车在月球开始工作，中国首次地外天体软着陆成功；2015 年，潘建伟团队首次实现多自由度量子隐形传态；2016 年，世界最大单口径、最灵敏的射电望远镜——“中国天眼”落成启用；2017 年，世界首台光量子计算机在中国诞生，国产大型喷气式客机 C919 首次试飞成功；2019 年，中国率先开启 5G 时代，嫦娥四号探测器成功着陆在月球背面；2020 年，北斗卫星导航系统全面建成开通，新一代“人造太阳”——中国环流器二号 M 装置正式建成并实现首次放电；2021 年，“华龙一号”全球首堆投入商业运行，具有完全自主知识产权的时速 600

千米高速磁浮交通系统成功下线……上述一系列重大科技创新成果的集体亮相，标志着我国科技事业开始在一些前沿领域进入并跑甚至领跑的阶段，科技实力正在从量的积累迈向质的飞跃、从点的突破迈向系统能力的提升。

回顾过去，是为了更好地前行，希望广大科技工作者能够不忘初心、牢记使命，秉持国家利益和人民利益至上，继承和发扬科学家精神，把自己的科学追求融入到全面建成社会主义现代化强国、实现第二个百年奋斗目标的伟大事业中去。同时也希望未来能有越来越多的青年人投身祖国科技事业，让青春无悔、人生闪亮！

目 CONTENTS 录

社会主义革命和建设时期

改革开放和社会主义现代化建设时期

中国特色社会主义新时代

社会主义革命和建设时期

成就名称：第一架自制巴拿马瞄准镜研制成功

时　　间：1949 年 10 月

成就简介：

巴拿马瞄准镜是世界各国炮兵部队通用的作战仪器，可以瞄准目的物，也可以测量与目的物之间的距离。由于构造复杂，国内的光学研究者一直没有制造。1949 年 7 月底，第四野战军装备部委托前北京研究院物理研究所研制，该所光学部门研究工作人员大胆接受了这项艰巨而光荣的任务后，在物质设备非常不足的条件下，凭借磨制各种光学仪器的经验，经过两个多月的艰苦工作，在 10 月中旬磨制成中国第一架巴拿马瞄准镜，该瞄准镜经第四野战军试验，效果极为良好。第一架自制巴拿马瞄准镜的研制成功是我国光学工作者的一大贡献。

成就名称：第一批全部国产化自行车研制成功

时　　间：1950 年 7 月 5 日

成就简介：

1950 年 4 月，由 20 名工人组成研制团队，在天津自行车厂筹备恢复生产。在生产零部件的原材料都没有的条件下，克服重重困难，经过改进生产工艺，最终在自行车后轮的轴皮上发现了技术关键，同年 7 月份，第一辆试制车研制成功，在此基础上首批生产了 10 辆。新中国第一批全部国产化的自行车就此诞生了。经过技术鉴定、性能试验、质量检验，新车具有结实、轻快、漂亮的特点，质量可靠。由于这批车又轻又快，轮子转起来像飞，加上老百姓盼望和平，于是这种自行车被称为“飞鸽”。“飞鸽”的诞生，揭开了中国自行车发展的新篇章。

成就名称：第一支国产青霉素针剂

时　　间：1951 年 4 月

成就简介：

1951 年 4 月在上海青霉素病毒试验所，童村等教授试制出第一支国产青霉素针剂。但这时的青霉素针剂离投入生产还很远，其中最大的原因就是生产原料依赖进口。当时生产所需的两种主要选料——玉米浆和乳糖必须依赖进口，但是碍于国际时局，这两种原料无法运回国内。要解决原料的问题，就必须找一种代替品。张为申运用自己在彼得森教授那里学到的先进技术，建立新的方法，通过不断实验，实现了用廉价棉籽饼粉末替代玉米浆的研究。这项研究的完成直接促成了 1953 年 5 月 1 日，国产青霉素的正式投产。1956 年张为申设计出用白玉米粉作为碳源的培养基配方，成功取代了昂贵的乳糖，彻底解决了青霉素生产的原料问题，使青霉素的产量得到大幅度提升。同时，乳糖代用品的成功研制，不但取代了国际通用的青霉素培养基配方，还为建立具有中国特色的青霉素发酵工业打下了基础。

成就名称：国产第一台蒸汽机车研制成功

时　　间：1952 年 7 月 26 日

成就简介：

中国自 1876 年建成的第一条营业性铁路——上海吴淞铁路，到 1952 年上半年期间这漫长的 76 年时间里，在神州大地铁路线上奔跑的机车，没有一台是国产的，均是英、美、德、日等国的旧型蒸汽机车。1952 年初，朱德总司令亲临青岛四方机厂进行视察指导，作了“四方机厂工人要为中国人争气，造出自己的国产机车”的指示。在“一切为国家建设着想”“一切为了抗美援朝的胜利”的决心和动力下，青岛四方车厂上下干劲十足，掀起工厂发明创造技术革新的浪潮，通过不断攻克难关，研制出新中国的第一台解放型蒸汽机车——“八一号”。这台自重 92.07 吨、车长 22.6 米、构造速度 80 公里 / 小时、模数牵引力 236 千牛的“解放 1 型”机车，结束了中国不能生产蒸汽机车的历史。这台由 1 万多个零部件组成的 2–8–2 型蒸汽机车，每一个部件都凝结着四方机车工人的辛勤汗水。1952 年 8 月 1 日，为纪念中国人民解放军建军 25 周年，四方机车厂举行了机车落成典礼，命名为“八一号”。此台机车随即参加了朝鲜战争，此后几十年间跑遍了祖国各地，于 1992 年 5 月，在淮南机务段光荣“退役”。

成就名称：第一根无缝钢管诞生

时　　间：1953 年 10 月 27 日

成就简介：

1952 年 8 月，新中国提出了第一项重点工业建设项目——鞍钢“三大工程”，无缝钢管厂便是其一。1953 年 10 月 27 日，第一根管坯试轧，便轧出了无缝钢管成品，这在国际无缝钢管事业中创造了奇迹。自此，新中国有了自己的工业血管。

成就名称：新中国制造的第一架飞机首飞成功

时　　间：1954 年 7 月

成就简介：

为了保卫祖国，新中国必须有自己独立的航空工业。经过前期五种飞机的修理和修理用零部件的制造，洪都机械厂大体上具备了整机制造的基础。在“为制造祖国第一架品质优良的飞机而奋斗”口号的激励下，全厂从边学边干，边干边学，经过艰苦奋斗、顽强拼搏，完成了从零件投入试制到整机试制。在 1954 年 7 月，新中国自己制造的第一架飞机“初教–5”在南昌飞机制造厂首次试飞成功。“初教–5”的试飞成功承载了老一辈航空人身先士卒、敢闯敢担当的精神，更激励着新一代航空人投身国防，献身航空。7 月 28 日，新华社播发了题为“我国自制飞机成功”的新闻，轰动了全世界。从蹒跚起步到一飞冲天，中国航空的新时代就此开启。

成就名称：第一组贯通“世界屋脊”的公路

时　　间：1954年12月25日

成就简介：

1954年12月25日，贯通“世界屋脊”的两条交通大动脉——川藏公路和青藏公路同时全线通车，结束了西藏千百年来无公路的历史。

川藏公路起于雅安，止于拉萨，1950年4月动工修筑，长2255千米；青藏公路始于西宁，迄于拉萨，1950年6月破土动工，全长2100千米（现缩短为1937千米）。

川藏、青藏公路通车，大大促进了西藏经济建设的发展和人民生活的改善，改变了西藏长期封闭的状况，对于西藏经济建设和国防建设都具有极为重要的作用。

成就名称：第一块国产手表

时　　间：1955 年 3 月 24 日

成就简介：

根据新中国成立初期周恩来总理提出的“填补工业空白”的规划，1954 年底天津市轻工业局拨发 100 元经费，批准成立手表试制组。几位师傅在一个简易车间里，用小车床、小台钻等简易设备，日夜苦干，终于在 1955 年 3 月 24 日 5 时 45 分研制出第一块国产手表。这是一只 15 钻的机械表，这只表全部由手工制作，表盘上镀有“中国制”三个金字和五颗金星，被定名为“五星表”。五星表的制成，不仅结束了中国“只能修表，不能造表”的历史，更开启了中国制表工业的新纪元。

成就名称：第一代全国产化熊猫牌 601 型电子管收音机

时　　间：1956 年

成就简介：

1953 年南京无线电厂设计出中国第一部全国产化收音机，1955—1956 年，南京无线电厂努力攻克多种新工艺技术，并精心改进电路设计、结构设计、外壳造型设计，使整机在电声、外观综合性能上有了新的突破。1956 年 4 月 30 日，南京无线电厂试制成功全国产化 601 型交流六管三波段收音机，该收音机体积为 40 × 20 × 30 厘米。随后生产了以熊猫牌命名的 506、601 型为代表的新一代电子管收音机，在三年内销售了 15 万多台，并通过实际使用，造型精致且典雅的熊猫牌收音机获得了较高声誉。

成就名称：我国第一台大型电子模拟计算机研制成功

时　　间：1956 年 5 月

成就简介：

我国第一台大型电子模拟计算机是复旦大学研究人员合作研制成功的，又被称为“复旦 601 型电子积分机”，可解四阶常系数微分方程等问题，成为国内计算机研究的先驱性成果。这台电子计算机的制造工作是从 1956 年 3 月开始的，这些年轻的科学工作人员在开始工作的时候，连一张现成的电路设计图纸都没有，他们就根据苏联电子计算机的设计原理加以钻研，经过两个多月，终于试制成功了我国第一台电子计算机。“复旦 601 型”的研发，吹响了新中国科技行业重振的号角。

成就名称：我国第一批解放牌汽车试制成功

时　　间：1956 年 7 月 13 日

成就简介：

1956 年 7 月 13 日是一个改变中国汽车工业历史的日子，由中国人自己制造的第一辆汽车——CA10 型解放牌卡车在长春第一汽车制造厂缓缓驶下了装配线。这是经过来自天南海北 28 个省区市的上万名建设者，历经 3 年忘我的拼搏实现的。首批下线的解放牌卡车一共 12 辆，此后，解放牌卡车成为新中国建设不可或缺的主力军，而“解放”这个由毛泽东主席亲自命名的品牌结束了中国不能自己制造汽车的历史，从此开启了中国汽车制造的历史航程，改变了我国“万国汽车展览”的情况。解放牌汽车的诞生，改变了中国城乡交通和公路运输的落后面貌，成为城乡交通和公路运输的主力军，也为以后中国汽车工业实现重型卡车、轿车、高级轿车、轻型卡车、越野车等车型的全系列自主生产奠定了不可或缺的基础。

成就名称：第一代喷气式歼击机歼-5 首飞成功

时　　间：1956 年 7 月 19 日

成就简介：

1953 年，沈阳飞机制造厂被列入中苏援建重点工程，1954 年，来自全国各地的上万名技术人员齐集沈阳，开始了喷气式歼击机的研制工作。1956 年 7 月 19 日，我国首架喷气式歼击机——歼-5 在沈阳首飞成功，随后获批准批量生产。它的试制成功并迅速批量生产、装备部队，打破了新中国成立以来飞机来源完全依赖国外的局面，从此开始了我国空军以国产作战飞机装备部队的历史，并使中国一举跨进了喷气时代。

成就名称：我国第一台高精度电应坐标镗床试制成功

时　　间：1957年7月

成就简介：

1957年7月，昆明机床厂试制成功我国第一台高精度电应坐标镗床。坐标镗床，是高精度机床的一种，主要用于镗削尺寸、形状，特别是位置精度要求较高的孔系。它的试制成功，填补了国内空白，为模具制造业首次提供了一种先进的设备，而且缩短了我国电加工技术的发展时间。

成就名称：我国第一座跨越长江的大桥——武汉长江大桥通车

时　　间：1957 年 10 月 15 日

成就简介：

武汉长江大桥，是武汉市的标志性建筑。它位于湖北省武汉市武昌区，横跨在蛇山和汉阳龟山之间，是我国在长江上修建的第一座铁路、公路两用桥梁，被称为万里长江第一桥。1955 年 7 月，国务院批准武汉长江大桥技术设计方案、大桥的施工进度计划和总预算，1955 年 9 月开工，1957 年 9 月 25 日完工，于 10 月 15 日正式通车。该大桥的通车，将被长江分隔的京汉铁路和粤汉铁路连为一体，从而形成了纵贯南北的京广铁路，对促进中国南北经济的发展起到了重要的作用。

成就名称：我国第一台 1150 毫米初轧机试制成功

时　　间：1957 年 10 月

成就简介：

1957 年 10 月，鞍钢第二初轧厂试制成功我国第一台 1150 毫米初轧机。这套轧机的设计制造成功，标志着我国的重型机器制造业走上独立制造大型轧钢设备的新阶段。

成就名称：第一台国产电视机——“北京牌”黑白电视机

时　　间：1958 年 3 月

成就简介：

20 世纪 50 年代中期，我国的电视广播尚处于空白状态。而此时，全球已有超过 500 个电视台、4000 万台电视机。1957 年，国家决定发展电视广播事业，就把研制电视接收机的任务交给了天津无线电厂。1958 年 3 月，天津无线电厂试制出我国第一台 820 型 35 厘米电子管黑白电视机——“北京牌”黑白电视机。它的成功，填补了我国电视机的空白。

成就名称：我国第一辆国产高级轿车试制成功

时　　间：1958 年 8 月 1 日

成就简介：

1958 年 5 月 12 日，新中国第一辆小轿车——“东风”轿车在长春第一汽车制造厂研制成功。但“东风”轿车属于中级轿车，无法满足我国对高级轿车的需求。为此，第一汽车制造厂决定试制高级轿车。“乘‘东风’，展‘红旗’”的口号，在一汽全厂传播起来。为了争分夺秒，工厂里休人不休班，24 小时连轴转，仅用 33 天，就于 1958 年 8 月 1 日试制成功新中国第一辆高级轿车“红旗”。“红旗”从此成为中国民族轿车的开端，并享誉海外，意大利国际著名造型大师称其为“东方艺术与汽车工业技术结合的典范”。

成就名称：我国第一部国产电子计算机——103 机

时　　间：1958 年 8 月 1 日

成就简介：

20 世纪 50 年代中期，我国制定了“十二年科学技术发展规划”，并提出“向科学进军”的口号。著名数学家华罗庚敏锐地意识到计算机的发展前景广阔，便提出要自主研制我国的电子计算机。1956 年，国家成立中科院计算技术研究所筹备委员会，科研人员开始对计算机技术快速地消化吸收。国营 738 厂用时 8 个月，完成了第一部计算机的制造工作。1958 年 8 月 1 日，这部计算机完成了四条指令的运行，宣告中国人制造的第一部通用数字电子计算机的诞生。虽然起初该机的运算速度仅有每秒 30 次，但它也成为我国计算技术这门学科建立的标志。103 机研制成功后一年多，104 机问世，运算速度提升到每秒 1 万次，标志着我国第一台大型通用电子复读机试制成功。

成就名称：我国制造的万吨远洋货轮“跃进号”下水

时　　间：1958年11月27日

成就简介：

1958年11月27日，由苏联设计，中国制造的第一艘万吨远洋轮船“跃进号”研制成功并下水。这艘远洋货轮由大连造船厂使用当时最新的技术装备建造而成。它总长169.9米，宽21.8米，载货量1.34万吨，排水量为2.21万吨，能在封冻的区域破冰航行。“跃进号”的下水，标志着新中国现代造船业发展到一个新的水平。

成就名称：我国第一枚气象火箭（T–7 型）发射成功

时　　间：1960 年 9 月 13 日

成就简介：

1960 年 9 月 13 日，我国第一枚 T–7 探空火箭在 603 基地一飞冲天。火箭起飞重量 700 公斤，飞行高度 19.2 公里，开启了 603 基地发射探空、气象、生物火箭试验的先河。气象火箭研制的成功，为中国空间技术的发展摸索经验和创造条件。在此项成果的基础上，603 基地在 6 年时间里共进行了 30 多次各种类型和用途的探空、气象、生物火箭发射试验，创造了我国航天史上的多个第一，为我国载人航天后续发展奠定了基础。

成就名称：我国第一台红宝石激光器诞生

时　　间：1961 年

成就简介：

中国第一台激光器——“小球照明红宝石”激光器，在中国科学院长春光学精密机械研究所诞生了。这台激光器由“中国激光之父”王之江教授设计而成。它与世界上第一台激光器的问世时间仅相差一年，但与国外同类型激光器相比，在许多方面有自身的特色，特别是在激发方式上，比国外激光器具有更好的激发效率，表明当时我国的激光技术已达到世界先进水平。

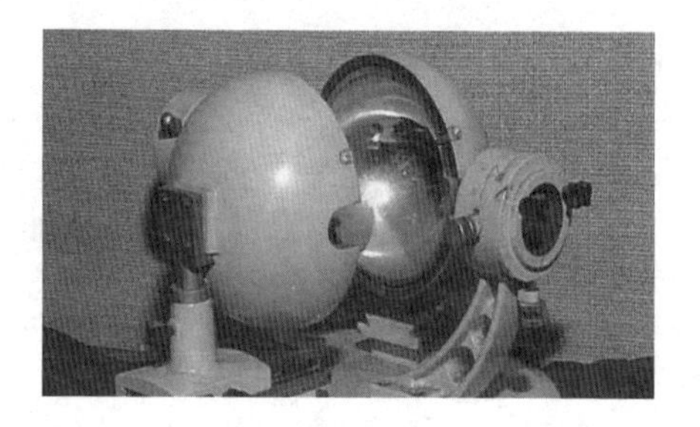

成就名称：我国第一台万吨水压机研发成功

时　　间：1962 年

成就简介：

1962 年我国第一台万吨水压机在上海江南造船厂研制成功并正式投产。这台 1.2 万吨压力的水压机可以把 300 吨重的特大钢锭，像揉面团似的锻压成各种形状的机器零件。国际上万吨水压机的重量一般都在 3000 吨左右，但是我国自制的这台水压机只有 220 吨，高度比世界上现有的水压机降低了 4 米，使得我国设计制造的水压机成为世界上体重最轻的一台万吨水压机。这台水压机是中国在设备不足、没有经验的困难条件下，依靠工人和技术人员的智慧和力量自行研制成功的，是中国机械工业中最大的一台锻压设备，填补了中国重型机械的空白。

成就名称：我国成为世界第一个断手再植成功的国家

时　　间：1963 年 1 月 2 日

成就简介：

1963 年 1 月 2 日，上海第六人民医院陈中伟在血管手术专家钱允庆的配合下，连续手术 8 个小时，为青年工人王存柏施行断手再植手术获得成功。从此，中国成为世界上第一个成功接活断手的国家。王存柏这只完全断离的右手在术后恢复如常，能提包、写字、穿针引线、提起重物、打乒乓球等。

陈中伟医生开创了中国显微外科技术，在国内外被称为“断肢再植之父”和“显微外科的国际先驱者”，在世界医学史上写下辉煌的一页。

成就名称：克隆鲤鱼成功

时　　间：1963 年

成就简介：

早在 1963 年，我国科学家童第周就通过将一只雄性鲤鱼的遗传物质注入雌性鲤鱼的卵中，从而克隆出一只雌性鲤鱼，这比多利羊的克隆早了 33 年。

成就名称："东风二号"中近程导弹试飞成功

时　　间：1964 年 6 月

成就简介：

1964 年 6 月 29 日，我国自行研制的第一代中近程地对地弹道导弹"东风二号"（DF–2）在酒泉发射场点火升空，准确按照运行轨道击中目标。"东风二号"成功发射，是中国导弹事业摆脱仿制、实现自主研发的关键一步，也是中国国防工业在"两弹一星"精神鼓舞与带动下，取得的一项具有战略意义的重要成就。

成就名称：我国第一颗原子弹爆炸成功

时　　间：1964 年 10 月 16 日

成就简介：

1964 年 10 月 16 日 15 时，巨大的蘑菇云在新疆罗布泊荒漠腾空而起，中国第一颗原子弹爆炸成功。

这次核试验的成功，是中国国防建设和科学技术方面取得的一项重大成就，它标志着中国国防现代化建设进入了一个新的阶段。

成就名称：我国人工合成牛胰岛素

时　　间：1965 年 9 月

成就简介：

1965 年 9 月 17 日，中国团队在世界上第一次人工合成了与天然牛胰岛素分子化学结构相同并具有完整生物活性的蛋白质。人工合成牛胰岛素的成功，开辟了人工合成蛋白质的新时代，它标志着人类在认识生命、探索生命奥秘的征途中迈出了关键性的一步。

成就名称：我国首次发射导弹核武器实验成功

时　　间：1966 年 10 月 27 日

成就简介：

1966 年 10 月 27 日，在酒泉卫星发射中心，成功进行了中国第一次发射火箭运载核弹头的“两弹”结合热试验，核弹头在制定目标上空精确实现核爆炸试验成功。这是我国在物质技术基础十分薄弱的条件下，通过自力更生、自主创新取得的伟大成就，进一步增强了我国的科技实力特别是国防实力，加强了我国在国际舞台上的重要地位。

成就名称：我国首颗氢弹发射成功

时　　间：1967 年 6 月 17 日

成就简介：

氢弹亦称“热核武器”，它是一种利用氢元素原子核在高温下聚变反应瞬间，放出的巨大能量有杀伤破坏作用的武器，主要由装料、引爆装置和外壳组成。氢弹爆炸时，作为引爆装置的原子弹首先爆炸，产生数千万度高温，促使氘氚等轻核急剧聚变，放出巨大能量，形成更猛烈的爆炸。

1967 年 6 月 17 日，我国第一颗氢弹爆炸成功。这次试验是继第一颗原子弹爆炸成功后，我国在核武器发展方面的又一次飞跃，标志着我国核武器的发展进入了一个新阶段。

成就名称：首都北京开出了新中国第一趟地铁

时　　间：1969 年 10 月 1 日

成就简介：

1956 年，北京第一条地铁的修建工程正式开工。由时任北京军区司令员的杨勇上将负责总工程指挥，第一代地铁建设者毫无经验，在摸索中攻坚克难。1969 年 10 月 1 日，首都北京开出了新中国第一趟地铁——北京地铁一号线。之后几年里，地铁被当作旅游项目，直至 1981 年，北京地下铁道公司成立，地铁一期工程正式对外运营。当年，北京地铁年客运量就达到 6466 万人次，日均客运量 17.7 万人次。北京地铁它记载着新中国从零起步的艰辛，也记录着地铁建设者攻坚克难的魄力。

成就名称：“东方红一号”卫星成功发射

时　　间：1970 年 4 月

成就简介：

1970 年 4 月 24 日，运载火箭点火发射，托举着“东方红一号”卫星飞向太空。十几分钟后，星、箭分离，卫星入轨，《东方红》乐曲响彻太空。

“东方红一号”卫星的成功发射，使中国成为世界上可以独立发射卫星的少数国家之一，是我国航天史上的里程碑。

成就名称：长征一号

时　　间：1970 年 4 月 24 日

成就简介：

长征一号（CZ–1）是我国首枚运载火箭，是为发射我国第一颗人造卫星而研制的三级运载火箭。

长征一号火箭于 1965 年开始研制，起飞质量 81.5 吨，起飞推力约 104 吨，箭长 29.46 米，最大直径 2.25 米。1970 年 4 月 24 日，它成功将“东方红一号”卫星送入预定轨道，奠定了长征系列运载火箭发展的基础，拉开了中国进军太空的序幕。自 2016 年起，我国也将每年的 4 月 24 日设立为“中国航天日”。

成就名称：我国第二颗人造卫星“实践一号”发射入轨

时　　间：1971年3月3日

成就简介：

1971年3月3日，我国第二颗人造卫星，也是第一颗科学实验卫星“实践一号”发射成功。卫星重221公斤。其运行轨道距地球最近点266公里，最远点1826公里。它用20009兆赫和19995兆赫的频率成功地向地面发回了各项科学实验数据，卫星上带有宇宙线、X射线、高磁场和轨道外热流探测器，是我国首次用卫星获取空间物理数据。以“实践”命名的卫星系列肩负着空间科学探测和航天新技术试验的任务。“实践一号”是该系列中的第一颗卫星。

成就名称：屠呦呦发现治疗疟疾的药物——青蒿素

时　　间：1972 年

成就简介：

青蒿素为一种具有“高效、速效、低毒”优点的新结构类型抗疟药，是目前治疗疟疾耐药性效果最好的药物。1969 年，中国中医研究院接受抗疟药研究任务，屠呦呦任科技组组长。她领导的课题小组从 1969 年 1 月开始编写以 640 种药物为主的《抗疟单验方集》，并对其中的 200 多种中药开展实验研究，历经 380 多次失败，终于在 1971 年成功发现青蒿乙醚提取物的中性部分对疟原虫有 100%抑制率。次年，屠呦呦和她的同事就在青蒿中提取到了一种分子式为 $C_{15}H_{22}O_5$ 的无色结晶体，并将其命名为青蒿素。屠呦呦因在研制青蒿素等抗疟药方面的卓越贡献，于 2015 年 10 月 5 日获得诺贝尔医学奖。

这项医学发现，挽救了全球范围特别是广大发展中国家数以百万计疟疾患者的生命，维护了人类身体健康，得到了多数国家和世界卫生组织的肯定与推广，为治疗人类疟疾奠定了重要基础；该成就属于世界性的，是中国医学领域走向世界的重要环节，更是中国医学领域影响世界的重要支撑，同时也成为用科学方法促进中医药传承创新并走向世界最辉煌的范例，为世界医学领域治疗疟疾病找到了巨大突破，是世界医学领域中具有标志性的事件，可以将其载入世界医学领域史册。

成就名称：在世界上首次育成籼型杂交水稻

时　　间：1973年

成就简介：

籼型杂交水稻的育成是中国在农业科技上的一项举世瞩目的成就。这项技术自1976年在全国大面积推广以后，仅至1994年，就已使中国的稻谷累计增产达2400亿公斤。

成就名称：69式主战坦克研制成功

时　　间：1974年3月26日

成就简介：

1976年3月26日我国科技人员自行设计、研制出了第一代主战坦克——69式坦克，在火力和机动性以及夜间作战性能方面比59式坦克均有所提高。

69式主战坦克的研制，实现了我国主战坦克由仿制到自主研制的转变，对于中国军工具有重要意义。

成就名称：新中国首次把精密汉字存入计算机

时　　间：1975 年 9 月

成就简介：

1975 年 9 月，参加研究的北大教员王选用“参数表示规则笔画，轮廓表示不规则笔画”这种独一无二的方法，把几千兆的汉字字形信息压缩后存进了只有几兆内存的计算机，这是新中国首次把精密汉字存入了计算机。

成就名称：我国第一座卫星通信地面接收站建成

时　　间：1975 年 12 月 24 日

成就简介：

1975 年 12 月 24 日，国内第一座卫星通信地面接收站在南京建成。当晚 10 时，地面接收站收到国际卫星转发的彩色电视信号，设备整体性能良好。从此，南京地区成为中国通信卫星地面接收设备研制开发的重要基地之一，开创了中国卫星通信事业。

成就名称：成功研制出马传染性贫血弱毒疫苗

时　　间：1975 年

成就简介：

马传染性贫血弱毒疫苗是一种治疗马属动物的传染性贫血的疫苗。1975 年，哈尔滨兽医所的研究人员利用经典的细胞生物学方法，通过体外细胞培养传代获得世界上首例慢病毒疫苗——马传染性贫血病毒弱毒疫苗。该疫苗的研制成功打破了慢病毒免疫的禁区。马传染性贫血病毒弱毒疫苗从 1977 年在全国推广至今，共免疫马属动物约 7000 万匹，减少直接经济损失 65 亿元，为控制马传染性贫血的流行作出了重要贡献。该疫苗克服了慢病毒疫苗的开发难点，能够在被免疫动物体内产生坚强的保护性免疫，是迄今为止唯一广泛应用并证明确实有效的慢病毒疫苗。该项研究荣获国家专利 3 项，美国及欧共体专利 1 项，全国科学大会奖（1978），农业科学技术推广奖第一名（1982），国家发明奖一等奖（1983），1983 年农业部技术改进奖一等奖，中国专利金奖第一名（2001），陈嘉庚农业科学奖、何梁何利生命科学奖和黑龙江省最高科学技术奖等多项奖项。

成就名称：第一根国产光纤诞生

时　　间：1976 年

成就简介：

1976 年，世界第一条民用光纤通信线路开通，人类通信进入“光速时代”。同一年，我国第一根实用化光纤在武汉邮电科学研究院诞生，大大缩短了我国在光通信领域与西方发达国家的差距，开启了我国光纤通信技术和产业发展的新纪元。

改革开放和社会主义现代化建设时期

成就名称：汉字激光照排系统

时　　间：1979年7月27日

成就简介：

1979年7月27日，在北大汉字信息处理技术研究室的计算机房里，科研人员用自己研制的照排系统，在短短几分钟内，一次成版地输出了一张由各种大小字体组成、版面布局复杂的8开报纸样纸，报头是“汉字信息处理”6个大字。这就是首次用激光照排机输出的中文报纸版面。

汉字激光照排系统的推广应用，不但消除了铅毒污染，降低了能耗，而且出版周期由300天至500天缩短到100天左右，出版品种大大增加。不仅图书、报刊的信息量加大，新闻时效性增强，而且印刷质量也大大提高。这种数字化的转变，脱胎换骨的印刷革命，让汉字文明、印刷技术跟上了世界信息化、网络化的步伐。

成就名称：远望 1 号航天测量船建成并投入使用

时　　间：1979 年

成就简介：

1979 年，我国远望 1 号航天测量船建成并投入使用。至此，中国继美国、苏联、法国之后，成为世界上第四个拥有远洋航天测量船的国家，结束了中国在陆地以外不能进行航天测量的历史，实现了中国航天测量网从陆地到海洋的历史性跨越。

成就名称：我国独立自主研发第一架大型远程喷射式客机运−10试飞成功

时　　间：1980年9月26日

成就简介：

1980年9月26日，中国独立自主研发、拥有完全自主知识产权的第一架大型远程喷气式客机运−10，在上海大场机场首飞成功，标志着我国跨上了发展大型民用飞机必经的台阶，进入了大型民机产业继续发展“三条金光大道”的入口，实现了一次意义深远的攀登。运−10飞机在产品研发和技术进步互动中，实现了与形成自主知识产权密不可分的集成创新能力的一次飞跃。该机的研制曾获得全国科学大会奖1项，航空工业部和上海市科技成果奖21项。

成就名称：我国第一座大型高通量原子反应堆建成

时　　间：1981 年 2 月 9 日

成就简介：

1981 年 2 月 9 日，我国第一座大型高通量原子反应堆建成并成功进行高功率运行。这座高通量反应堆是由二机部西南反应堆工程研究设计院研究设计的，科研设计人员在老一代专家的带领下，自力更生，发奋图强，在研究、设计、设备制造和安装调试过程中，完成反应堆物理、热工、燃料元件、结构、腐蚀和专用材料等方面的近 200 项重要研究课题。

反应堆的建造成功，说明我国已具备独立自主设计、制造和建设核电站的能力，为进一步发展原子能技术提供了重要的手段，标志着我国反应堆工程的科学技术已达到了一个新的水平。

成就名称：我国首次以潜艇从水下发射运载火箭试验成功

时　　间：1982 年 10 月 12 日

成就简介：

1982 年 10 月 12 日，我国首次以潜艇从水下向预定海域发射运载火箭获得成功，标志我国的战略导弹由使用液体燃料发展为使用固体燃料，由陆上固定发射发展为水下隐蔽机动发射。这次以潜艇从水下发射运载火箭获得成功，使中国一跃成为世界上第 5 个拥有水下发射战略导弹能力的国家，标志着中国运载火箭技术达到了一个新的水平，大大提高了人民解放军未来反侵略战争的作战能力。

成就名称：我国第一台亿次计算机“银河”研制成功

时　　间：1983年12月

成就简介：

1983年12月22日，我国第一台每秒钟运算达1亿次以上的“银河”巨型计算机，由国防科技大学计算机研究所在长沙研制成功。

“银河”巨型计算机系统是石油、地质勘探、中长期数值预报、卫星图像处理、计算大型科研题目和国防建设的重要手段，对加快我国现代化建设有很重要的作用。“银河”计算机的研制成功，提前两年实现了全国科学大会提出的到1985年“我国超高速巨型计算机将投入使用”的目标，它填补了国内巨型计算机的空白，标志着中国进入世界研制巨型计算机的行列。时任中共中央军委主席邓小平签发嘉奖令，给国防科技大学计算机研究所记集体一等功。

成就名称：世界上第一胎“试管山羊”育成

时　　间：1984年3月9日

成就简介：

1984年3月9日，世界上第一只“试管山羊”顺利诞生！旭日干和花田章给新生命起了一个很有意义的名字——日中。日中和其他的山羊比起来体格高大、体重超群。

“试管山羊”的育成，将国际胚胎工程技术向前大大推进了一步，展现了家畜改良的巨大美好前景。

成就名称：“东方红二号”发射成功

时　　间：1984年4月8日

成就简介：

1984年4月8日，我国第一颗静止轨道试验通信卫星“东方红二号”由长征三号运载火箭送往太空。

“东方红二号”是用于远距离电视传输的卫星。它的成功发射，开启了我国用自己的通信卫星进行卫星通信的历史，实现了覆盖全国的信号传输，改变了边远地区通信落后的状况，标志着我国已全面掌握运载火箭技术，卫星通信开始进入实用阶段。

成就名称：我国第一个数字寻呼系统开通

时　　间：1984 年 5 月 1 日

成就简介：

1984 年 5 月 1 日，广州用 150MHz 频段开通了我国第一个数字寻呼系统。数字寻呼系统，是一种没有话音的单向广播式无线选呼系统，它将自动电话交换网送来的被寻呼用户的号码和主叫用户的消息，变换成一定码型和格式的数字信号，经数据电路传送到各基站，并由基站寻呼发射机发送给被叫寻呼机的系统。

广州用 150MHz 频段开通了我国第一个数字寻呼系统，标志着我国首次具备国际直拨功能的编码纵横制自动电话交换机（HJ09 型）研制成功。自 1984 年至 1991 年底，我国开放了 426 个寻呼系统，寻呼机位 87.7 万个。

成就名称：五次对称性及 Ti–Ni 准晶相的发现与研究

时　　间：1984 年

成就简介：

1984 年，中国科学院金属研究所在钛镍钒急冷合金中发现具有五次对称的二十面体准晶，有力地论证了准晶的存在，打破了固体材料传统的晶体和非晶体分类标准，为物质微观结构及材料研究打开了全新的研究领域。该成果及后续有关研究工作为推动航空航天准晶热障涂层、太阳能选择性吸收薄膜、准晶复合材料、准晶热电材料等新材料的研发及应用积累了理论基础。

成就名称：我国首个南极科考站——长城站建成

时　　间：1985年2月

成就简介：

1985年2月15日，我国第一个南极科考站——长城站在南极洲乔治王岛菲尔德斯半岛南部建设完成。长城站的建成填补了我国科学事业上的一项空白，标志着我国南极科学考察进入了一个新阶段。

成就名称：奶牛冷冻胚胎移植在我国首次获得成功

时　　间：1985 年 2 月 22 日

成就简介：

1985 年 2 月 22 日，中国农业科学院畜牧研究所进行奶牛冷冻胚胎移植在中国首次获得成功。

奶牛冷冻胚胎移植的成功对中国畜牧业影响重大，可以充分发挥良种母牛的繁殖潜力，提高繁殖效率，加快品种改良。

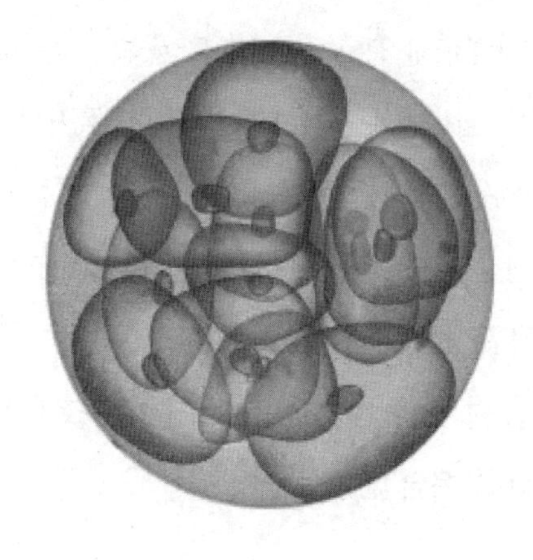

成就名称：星火计划实施

时　　间：1986 年

成就简介：

1986 年，国务院批准了由国家科委拟订的一个促进地方经济振兴的科技项目——星火计划，其引用了中国的一句谚语“星星之火，可以燎原”，意为科技的星星之火，必将燃遍中国农村大地。此计划准备在着重抓好对国计民生有重大战略意义的中长期项目的同时，抓一批对中小企业，特别是乡镇企业有示范和推广意义，经济与科技紧密结合的短、平、快适用技术项目，以提高中小企业、乡镇企业和农村建设的科技水平。

星火计划是经中国政府批准实施的第一个依靠科学技术促进农村经济发展的计划，其在七五期间发挥了巨大作用，促进了农村经济的发展，推进了科技和经济的结合，提高了我国科技综合竞争实力。

成就名称：我国发射了一颗实用通信广播卫星

时　　间：1986 年 2 月 1 日

成就简介：

1986 年 2 月 1 日，长征三号火箭在西昌卫星发射中心将我国东方红二号实用通信广播卫星送入预定轨道。

实用通信广播卫星的成功发射，标志着我国已全面掌握了运载火箭技术，卫星通信也由试验阶段进入实用阶段。中国人从此告别了只能租用外国卫星看电视、听广播的历史，开始了我国独立自主研制，发射通信卫星的时代。

成就名称：我国第一座遥感卫星地面站建成

时　　间：1986 年 12 月 20 日

成就简介：

中国遥感卫星地面站为全国提供卫星遥感数据及空间遥感信息服务的非营利的社会公益型装置，也是中国大陆唯一的国家级民用多种资源卫星接收与处理基础设施。其主要任务是接收、处理、存档、分发各类对地观测卫星数据，为全国各行各业提供服务，同时开展卫星数据接收与处理以及相关技术的研究。它的发展催发和支持了中国遥感应用的发展，促进了遥感应用从科学实践向实用化、产业化的发展。它的建立填补了中国资源卫星数据源的空白，标志着中国航天遥感技术发展到了一个新阶段。

成就名称：北京正负电子对撞机首次对撞成功

时　　间：1988 年 10 月 16 日

成就简介：

1988 年 10 月 16 日，中国第一座高能加速器——北京正负电子对撞机首次对撞成功。这是中国继“两弹一星”之后，在高科技领域又一重大突破性成就。

北京正负电子对撞机包括电子注入器、贮存环、探测器及数据处理中心、同步辐射区等主要组成部分，是由数百种、上万台件高精尖专用设备组成的复杂的系统工程。它的建成和对撞成功，表明我国高能加速技术已进入世界先进行列，为中国粒子物理和同步辐射应用研究开辟了广阔的前景，揭开了中国高能物理研究的新篇章。

成就名称：我国第一台专用同步辐射光源建成

时　　间：1989 年 4 月 26 日

成就简介：

20 世纪 80 年代末，中国第一台专用同步辐射光源——合肥同步辐射装置在合肥中国科学技术大学建成出光。该装置可以提供从红外、可见光、真空紫外到软 X 射线的，具有频谱宽且平滑连续的同步辐射光源，具有可准确计算、强度高、方向性好、亮度高、偏振、有脉冲时间结构、洁净等诸多优点。这种具有一系列优良特性的波谱，在物理学、化学、生物学等基础科学方面，以及在材料科学、表面科学、计量科学、医学、显微技术、超大规模集成电路光刻等技术领域，有广泛的用途。

成就名称：我国第一座低温核供热反应堆启动运行

时　　间：1989 年

成就简介：

1989 年 11 月，由清华大学核能所建造的低温核供热反应堆试运行获得成功。这个反应堆采用一体化自然循环壳式轻水堆方案，具有优异的固有安全特性。反应堆设置有压力壳和安全壳双重安全屏障，并没有中间隔离回路，因而既简单可行，又安全可靠。该堆是世界上第一座投入运行的一体化自然循环壳式供热堆，又是世界上第一座采用新型水力驱动控制棒的反应堆。它的运行成功，使我国在低温核供热领域跨入世界先进行列。

成就名称：ASP-015 磁共振成像系统开发成功

时　　间：1989 年 12 月

成就简介：

1989 年 12 月，首台核磁共振成像系统通过了国家科委主持的成果鉴定，标志着我国首台核磁共振成像系统正式投入运营。这项成果被评为 1989 年中国十大科技事件之一，并于 1990 年获得了国家科技进步二等奖。

成就名称：长江葛洲坝水利枢纽工程全部竣工

时　　间：1991 年 11 月 27 日

成就简介：

葛洲坝水利枢纽工程的研究始于20世纪50年代后期。工程整个工期耗时 18 年，分为两期：第一期工程 1981 年完工，实现了大江截流、蓄水、通航和二江电站第一台机组发电；第二期工程从 1982 年开始，1988 年底整个葛洲坝水利枢纽工程建成。1991 年 11 月 27 日，第二期工程通过国家验收，葛洲坝工程宣告全部竣工。

大坝全长 2606.5 米，坝顶高程 70 米，最大坝高 53.8 米，库容 15.8 亿立方米。共装机 22 台，总装机容量 273.5 万千瓦。到 2021 年 7 月 30 日，葛洲坝电站已累计生产清洁能源近 6000 亿千瓦时，船闸累计过船超 256.6 万艘次，货运总量超 18.8 亿吨，为长江黄金水道效益的发挥提供了有力支撑。

葛洲坝水利枢纽工程是我国水电建设史上的里程碑。它在一定程度上缓解了长江水患，具有发电、改善峡江航道等功能，可发挥巨大的经济和社会效益。同时，它攻克了 20 世纪 70 年代在长江建坝所面临的泥沙、航运、截流、大型机电设备制造等一系列技术难题，为三峡工程兴建积累了丰硕的科技成果和实战经验，促进了水电装备制造业的创新发展，被誉为“中国二十世纪水电丰碑”和“民族水电工业摇篮”。

成就名称：秦山核电站并网发电

时　　间：1991年12月15日

成就简介：

秦山核电站是我国自行设计、建造和运营管理的第一座30万千瓦压水堆核电站，地处浙江省海盐县。

秦山核电站工程建设自1985年3月20日开工，1991年12月15日并网发电。秦山核电站的建成发电，结束了中国大陆无核电的历史，实现了零的突破，标志着“中国核电从这里起步”，同时被誉为“国之光荣”。我国也因此成为世界上第七个能够自主设计建造核电站的国家。

成就名称：第一部大型数字程控电话交换机 HJD04 研制成功

时　　间：1991 年

成就简介：

1991 年，由解放军信息工程学院与中国邮电工业总公司联合研制的我国第一台拥有完全自主知识产权的大型数字程控交换机 HJD04 诞生。

HJD04 大型数字程控交换机的研制成功，打破了西方世界所谓的“中国自己造不出大容量程控交换机”的预言，标志着“七国八制”长期垄断中国程控交换机市场格局的终结，从根本上扭转了我国电信网现代化建设受制于人的被动态势，使“巴黎统筹委员会”始于 1989 年对我国实施的大型程控交换机禁运制裁行动彻底流产，同时也树立起中国人用自主知识产权高技术产品自主建设国家信息基础设施的信心和决心，为我国通信网络的快速现代化和成为全球最大规模的信息通信基础网作出了巨大的贡献。

成就名称：我国在世界上首次合成两种新核素

时　　间：1992年9月28日

成就简介：

1992年9月28日，中国科学院近代物理研究所在世界上首次人工合成并鉴别了贡-208、铬-185两种新核素。专家认为，这两项重大成果既在技术上有重大突破，又具有十分重要的学术价值。新核素贡-208、铬-185的人工合成，为检验理论模型提供了重要实验依据，显示出兰州重离子加速器在新核素合成和研究中的重要作用。

成就名称：北京自由电子激光装置获红外自由激光

时　　间：1993年5月26日

成就简介：

由高能物理所谢家麟等科学家承担的国家“863”高技术项目——北京自由电子激光装置（BFEL），经过8年努力，成功地实现了红外FEL振荡激光，后又顺利实现了饱和振荡。饱和振荡的最大输出能量为3mj，饱和激光振荡脉冲的平顶宽度为2us，腔内振荡平均功率为190KW。这使中国成为继美国、西欧之后又一个利用直线加速器获得红外自由激光的国家，标志着我国在这一高科技领域跨进国际先进行列。

成就名称：“曙光一号”大型并行计算机研制成功

时　　间：1993 年 10 月 29 日

成就简介：

“曙光一号”并行计算机是 1993 年我国自行研制的第一台用微处理器芯片（88100 微处理器）构成的全对称紧耦合共享存储多处理机系统（SMP），最大支持 16 个 CPU（4CPU 共享存储为一结点主板，4 个主板通过 VME 总线连接），系统外设采用 SCSI 设备，系统峰值定点速度每秒 6.4 亿，主存容量最大 768MB。在对称式体系结构、操作系统核心代码并行化和支持细粒度并行的多线程技术等方面实现了一系列的技术突破。

成就名称：大亚湾核电站投入运营

时　　间：1994 年

成就简介：

大亚湾核电站于 1994 年全面建成投入商业运行。它的建设和运行，成功实现了中国大陆大型商用核电站的起步，实现了中国核电建设跨越式发展、后发追赶国际先进水平的目标，为中国核电事业发展奠定了基础，为粤港两地的经济和社会发展作出贡献。

成就名称：世界首例转基因水稻问世

时　　间：1994 年 5 月 3 日

成就简介：

1994 年 5 月 3 日，世界首例转基因水稻在安徽省合肥市问世。

这是中国科学院合肥分院等离子体物理研究所科研人员，用其首创的离子束介导法，与安徽省农科院联合攻关多年育成的。转基因水稻是用低能离子束在种子上打孔，穿破种子外皮和细胞壁，再将选定的被转移物带有已知遗传特性的基因片段，用离子束整合到种子细胞的基因组中，从而使该种子具有被转移物已有某些遗传特性。这种方法育出的转基因水稻，经分子水平检测及多种方法检测，证明外源基因确已存在被测水稻基因中，并且该性状能够进行遗传。这一重大突破为定向育种开拓了新路。

成就名称：中国第一架超音速无人驾驶飞机试飞成功

时　　间：1995 年 4 月

成就简介：

1995 年 4 月 13 日，新中国第一架超音速无人驾驶飞机试飞成功。这架超音速无人驾驶飞机是由空军某试验基地历时 4 年研制成功的。飞机由地面人员遥控，以超位马赫速度在万米高空上完成平飞、侧飞、跃升、俯冲等动作。

超音速无人驾驶飞机试飞成功，标志着我国新型航空武器的研制已跨入世界先进行列，是我国尖端科技的又一重大突破，为我国新型航空武器的试验和作战训练提供了崭新的手段。

成就名称：第一株抗大麦黄矮病毒的转基因小麦品种

时　　间：1995 年 11 月

成就简介：

大麦黄矮病毒是世界上危害严重、流行广泛的植物病毒之一，它不仅侵染小麦，还会侵染燕麦、黑麦、玉米等，对小麦的生长有一定的影响。

中国农科院的成卓敏、周广和、王立阳以及相关的科研人员制成了第一株抗大麦矮病毒的转基因小麦品种，这是及时防治蚜虫和预防黄矮病流行的有效措施。这项技术的发现，提高了全球范围特别是改善了广大发展中国家的粮食问题，维护了人类身体健康，得到了多数国家和世界的农业经济技术国际合作与交流农业外事工作的肯定与推广，为人类的粮食发展奠定了重要的基础；该成就属于世界性的，是中国农业领域走向世界的重要环节，同时也成为用科学方法促进农业传承创新并走向世界最辉煌的范例，为当时的粮食问题找到了巨大突破，是世界农业领域标志性的事件。

成就名称：我国在世界上首次成功构建水稻基因组物理全图

时　　间：1996 年 6 月

成就简介：

中国科学院国家基因研究中心于 1997 年 6 月在世界上首次成功构建了高分辨率的水稻基因组物理图。

根据当时中国的国情、未来农业发展的需要和当今国际基因组计划研究的趋势，国家科委于 1992 年 8 月正式启动实施水稻基因组计划，并在上海建立了中国科学院国家基因研究中心。水稻基因组计划是一项最终在分子水平上解开水稻全部遗传信息的研究计划，它包括三大核心内容，即水稻基因组遗传图、物理图的构建和 DNA 全顺序的测定。有了物理图，结合遗传图所提供的遗传信息，科学家就可以通过定位克隆等技术，有效地获得所需的基因，用于水稻的育种研究。因此物理图在水稻基因组计划中处于承上启下的枢纽地位。

成就名称：首次合成镅-235

时　　间：1996 年 8 月

成就简介：

中国科学院近代物理所和高能所合作，在世界上首次合成并鉴别出新核素镅-235。镅-235 的成功合成，意味着中国的新核素合成与研究进入另一个重要核区——超铀缺中子区。

成就名称：我国自行研制的强流质子回旋加速器建成

时　　间：1996 年

成就简介：

1996 年，我国自行研制的“强流质子回旋加速器及生产中短寿命放射性同位素装置”在中国原子能科学研究院建成。该加速器性能达到并部分超过原设计指标，达到了目前世界先进水平。经过一年多的试运行，该装置已经生产出钴 57、铊 206、氟 18、镓 67、锗 68 和镉 109 等，放射性同位素，并研制了一些放射性药物和医用同位素制品，有的产品技术指标已达到国际先进水平并出口国外。这标志着我国已开始具备用加速器批量生产中短寿命放射性同位素的能力，我国回旋加速器的研制能力达到了一个新的水平。

成就名称：长江三峡工程实现大江截流

时　　间：1997 年 11 月 8 日

成就简介：

1997 年 11 月 8 日，三峡工程大江截流成功，这是三峡大坝建设史上的一个重要里程碑。三峡截流，这一项进行了五年的横锁长江的伟大壮举，一是意味着三峡工程的重大转折，标志着为期五年的一期工程胜利完成，三峡工程转入二期工程建设。二是意味着三峡工程收获时节即将到来，三峡大坝的主要功能是在防洪、发电、航运三个方面，而水库蓄水是产生三大效益的必要前提。三是意味着三峡工程要开始新的攻坚，截流成功后需要迅速抢建围堰，当这一个工程完成，将再次刷新水利工程的世界纪录。

成就名称：歼−10 首飞

时　　间：1998 年 3 月 23 日

成就简介：

歼−10 是一款搭载了先进的航电设备、拥有良好的综合性能、具有优秀机动性的战机。采用了当时最先进的鸭式布局，一举赶超当时的美欧系列战机。并且在机体制造上使用了新型材料，整机更轻，从而避免了起降困难、机动笨拙等问题。歼−10 战机的动力系统最开始采用的是俄制的 AL−31FN 发动机，后来采用了国产的涡扇十发动机，在动力方面得到了可靠保证。

歼−10 于 1986 年开始研制，1998 年首飞成功，数年后进入部队服役，先后衍生出歼−10A、歼−10S、歼−10B 等多种型号。以歼−10 为起点，经过了二十多年的磨砺，中国航空已经站立在了世界前端。歼−10 的意义不仅仅是一架战斗机，可以说没有歼−10 就没有今天的歼−20，就没有今天独立自主、生机勃勃的中国航空工业。

成就名称：中科院上海生化所运用基因方法重组人胰素

时　　间：1998 年 4 月 15 日

成就简介：

1998 年 4 月 15 日，中科院上海生化所成功地运用基因方法重组人胰素。重组人胰素研究并投入生产以后常常用于早期糖尿病患者和妊娠糖尿病患者的治疗中，且适用于皮下注射。

用基因方法重组人胰素的研究成果极大程度上填补了我国国内基因重组人胰素的空白，加速了国内动物胰岛素的淘汰，进而增加了糖尿病的治愈率，大大减少了糖尿病患者的病痛，为推动科技进步作出了重要贡献。

成就名称：我国第一根高温超导输电电缆研制成功

时　　间：1998年7月

成就简介：

1998年7月，我国第一根由铋系（BSCCO/2223）高温超导材料制成的输电电缆，在北京研制成功。首次通电实验表明，无阻电流达到1200安培，接触电阻小于0.06微欧，这一指标表明我国仍然在世界高温超导技术研究领域处于领先地位。由于良好的可加工性，铋系高温超导输电电缆是当今各国在高温超导技术强电应用研究领域的首选项目，也将极大地推进高温超导技术的实用化进程。

成就名称：利用农杆菌介导法在世界上首次培育成功转基因抗螟虫品系克螟稻

时　　间：1998年9月

成就简介：

从1995年开始，浙江省科技人员通过与加拿大渥太华大学的合作，成功地将抗螟基因转入了水稻植株，并于1998年获得了抗螟虫的种质资源克螟稻1号和2号。克螟稻稳定地传递和表达了抗螟基因，对常见的二化螟、三化螟和纵卷叶螟具有高度的抗性，初孵幼虫取食克螟稻后一般在两天内就会全部死亡。在此基础上，科技人员又通过杂交、回交等方法，选育出了两个稳定的早籼稻抗螟新品系“华池2000B1”和“华池2000B6”。本研究已经走在了世界的前列。

成就名称：神舟一号发射成功

时　　间：1999 年 11 月 20 日

成就简介：

神舟一号飞船于 1999 年 11 月 20 日在酒泉卫星发射中心发射升空，11 月 21 日顺利降落在内蒙古中部地区的着陆场，在太空中共飞行了 21 个小时，这是中国载人航天工程发射的第一艘飞船，也是中华人民共和国载人航天计划中发射的第一艘无人试验飞船。神舟一号的发射成功，标志着中国航天事业迈出重要步伐，对突破载人航天技术具有重要意义，是中国航天史上的重要里程碑。

成就名称：“航天清华一号”小卫星成功发射

时　　间：2000 年 6 月 28 日

成就简介：

2000 年 6 月 28 日，重 50 公斤、体积 0.07 立方米、研制周期一年的“航天清华一号”小卫星顺利发射升空。“航天清华一号”小卫星位于离地球 600 至 800 公里高的太阳同步轨道，它可以进行存储转发式的通讯或进行定点实时通信，特别适用于无地面网络地区使用，在数据采集、远程教育等方面有着独特优势。

“航天清华一号”小卫星既可以进行光学成像观测，也可以用于环境、资源、水文、地理勘察、气象观测、科学实验等。它还具有发射入轨后再上载软件的能力，可随时通过上载新的软件改变卫星的任务，以修正高能粒子对电脑芯片辐射而导致的程序突变问题。

这次微型卫星的成功发射与参数探讨填补了我国微小卫星安置和我国赴境外发射航天器产品的空白，标志着我国微小卫星研制取得重大突破。

成就名称：我国最快的电力机车在株洲问世

时　　间：2000 年 9 月 3 日

成就简介：

2000 年 9 月 3 日，一辆名为“蓝箭”的交流传动电动车在株洲电力机车厂出厂，它的最高时速可达 305 公里。

“蓝箭”动力车是国家重点科技攻关项目，经株洲电力机车厂、株洲电力机车研究所历时 2 年联合攻关研制完成。它在吸收国外先进技术的基础上，创造性地提出了总体的高集成化模块结构等 10 项国际先进水平的设计理念。

“蓝箭”动力车的问世为我国特大城市间实现客运专线高速化，为实现 2000 公里范围内城市间夕发朝至运载装备做好了技术储备，是中国高速铁路的先驱者。

成就名称：高温气冷堆技术

时　　间：2000 年 12 月

成就简介：

2000 年 12 月，10 兆瓦高温气冷实验反应堆（简称 HTR−10）在北京建成，并成功达到临界。第一个模块式球床高温气冷实验堆 HTR−10 的建成，为我国高温气冷堆技术的发展与应用奠定了坚实的技术基础，也使我国在高温气冷堆技术领域处于国际先进行列。

成就名称：神舟二号飞船发射成功

时　　间：2001 年 1 月 10 日

成就简介：

神舟二号飞船是中华人民共和国载人航天计划中发射的第二艘无人实验飞船，也是中国第一艘正样无人航天飞船，由推进舱、返回舱、轨道舱三部分组成。我国在神舟二号无人飞船上进行空间科学和应用研究实现重要突破，在空间材料科学、生命科学、天文探测、环境监测及预报等领域取得了一批具有重要价值的科研成果。这是新世纪世界上第一次航天发射，标志着中国载人航天事业取得了新进展，向实现载人航天飞行迈出了可喜的一步。

成就名称：性能最高的超级服务器“曙光 3000”研制成功

时　　间：2001 年

成就简介：

中国科学院计算技术研究所研制的“曙光 3000”超级服务器，最高运算速度达每秒 4032 亿次、内存总量达 168GB，成为我国迄今性能最高的国产超级服务器。“曙光 3000”在整体上已经达到国际先进水平，机群操作系统等部分技术达到国际领先水平。

作为一种通用的超级并行计算机系统，“曙光 3000”超级服务器兼顾大规模科学计算、事务处理和网络信息服务，是国民经济信息化建设的重大装备。“曙光 3000”超级服务器具有很高的扩展性、易用性、可管理性和高可用性，实现了高性能和通用性的和谐统一，性能价格远高于国际同类产品。仅需使用“曙光 3000”超级服务器 1/16 的设备，就可实现每天 80 亿次的页面点击量，仅仅用 1/32 的设备每天就可收发 7000 万封电子邮件；用一半的设备，预报一个月的气候变化仅用 15 分钟。作为超级服务器，“曙光 3000”还可广泛用于石油、气象、水利水电等领域。

成就名称：我国首枚 CPU“龙芯”1 号诞生

时　　间：2002 年

成就简介：

2002 年，中国第一款商业化具有自主知识产权的通用高性能 CPU 芯片“龙芯”1 号研制成功，并可批量生产提供实际应用。

“龙芯”实现了与市场上最通用的 X86 指令集完全兼容，是目前国内最先进的基于 X86 体系结构的 CISC 微处理器。它的研制成功，将跨越式地提升国内微处理器的技术水平。“龙芯”1 号可广泛应用于工业自动化、电子成像、金融电子产品、智能终端设备和航天航空等领域。

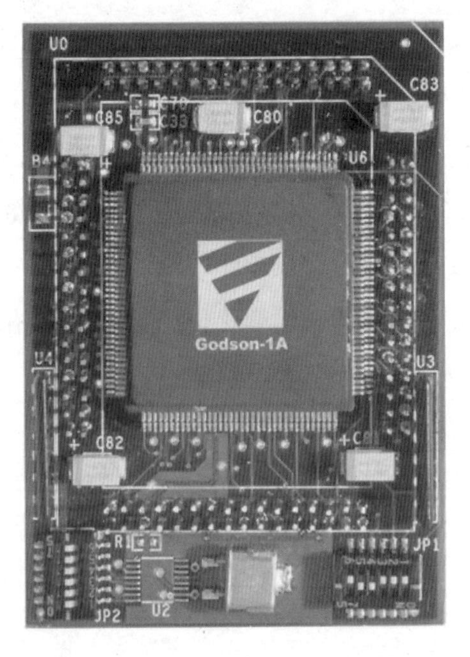

成就名称：神舟五号飞船发射成功

时　　间：2003 年 10 月 15 日

成就简介：

2003 年 10 月 15 日，我国神舟五号宇宙飞船在酒泉卫星发射中心成功发射，把中国首位航天员杨利伟送入太空。飞船绕地球 14 圈后，于 10 月 16 日安全降落在内蒙古主着陆场。这次发射的成功，实现了中华民族千年的飞天梦想，增强了中华民族的自豪感、凝聚力和自信心，极大地振奋了民族精神，标志着中国成为世界上第三个能够独立开展载人航天活动的国家，为进一步开展空间科学研究奠定了基础。

成就名称：发现温场和光场控制的超疏水/超亲水可逆转变的“开关效应”

时　　间：2004年1月16日

成就简介：

中国科学院化学研究所有机固体院重点实验室功能界面材料研究组成功地通过调节“光”和“温度”，实现了纳米结构表面材料超疏水与超亲水之间的可逆转变，制备出超疏水/超亲水“开关”材料，在功能纳米界面材料研究领域取得了重要进展。这两项研究成果在基因传输、无损失液体输送、微流体、生物芯片、药物缓释等领域具有极为广阔的应用前景。

在热响应超疏水-超亲水可逆“开关”研究中，他们用表面引发原子转移自由基聚合方法，在基底上制备温度响应高分子聚异丙基丙烯酰胺薄膜，通过控制表面粗糙度实现了在很窄的温度范围内（10℃）超亲水和超疏水性质之间的可逆转变。在低温时，羰基和胺基被水分子组合，分子间氢键是主要的驱动力；随着温度的升高，分子内氢键起了主要作用，分子链采取更为紧密的排列方式，排斥了水分子。这种界面性质的可逆开关现象是通过表面化学修饰和表面粗糙度相结合，由热诱导所导致的。

“超级开关”材料的研制成功标志着化学所在功能纳米界面材料的研究又上升到了一个新的台阶。

成就名称：“探测二号”卫星发射升空

时　　间：2004 年 7 月 25 日

成就简介：

2004 年 7 月 25 日，“长征二号丙 /SM”型运载火箭点火，将“探测二号”卫星成功地从太原卫星发射中心发射升空，30 分钟后准确进入预定轨道。“探测二号”卫星的成功发射，标志着我国“地球空间双星探测计划”开始进入应用阶段，不仅实现了我国空间探测技术的跨越式发展，而且大大提高了我国空间探测技术的创新能力以及在国际空间科学与技术界的地位，将有力促进我国空间物理学科的发展，推动我国在国际空间领域与其他国家的进一步合作。

成就名称：西气东输工程输气运行实现全线贯通

时　　间：2004 年 9 月 6 日

成就简介：

2004 年 9 月 6 日，来自新疆塔里木的天然气抵达陕西靖边，这标志着西气东输工程输气运行实现全线贯通，塔里木气田和陕北长庆气田两大气源在此成功对接。至此，西气东输工程西段进气投产工作完成，为实现两个气源同时向东部四省一市供应天然气奠定了基础。

这一项目的实施，为西部大开发、将西部地区的资源优势变为经济优势创造了条件，对推动和加快新疆及西部地区的经济发展具有重大的战略意义。

成就名称：曙光 4000A 超级计算机在上海启用

时　　间：2004 年 11 月 15 日

成就简介：

2004 年，曙光 4000A 系统落户上海，使上海超算中心成为国家网格最大的主节点和服务华东、辐射全国的信息网络中心。该系统投入应用后，承接了 11 项应用课题，其用户包括上海市气象局、中科院上海分院、复旦大学、宝钢集团、上汽集团、上海飞机研究所等，将为科学计算、公益事业、工业工程、商业应用等用户提供更有力的高性能计算服务。

曙光 4000A 系统实现了我国高性能计算机研发与应用双跨越，并将上海信息化建设推上了新台阶，使中国成为继美国、日本之后第三个能制造 10 万亿次商品化高性能计算机的国家。

成就名称：我国新一代核心路由器研制成功

时　　间：2004 年 12 月 26 日

成就简介：

我国新一代互联网中枢设备——基于“第六代网络协议”的核心路由器，2004 年 12 月 26 日在解放军信息工程大学信息工程学院通过技术鉴定。

我国信息技术领域的这一突破性进展，是解放军信息工程大学信息工程学院组织 200 多名科技人员历时 2 年多时间，耗资 3500 多万元研发完成的。经测试，路由器具有每秒 3200 亿比特的信息交换能力，并可平滑过渡到 1.28T 比特，每秒 2 亿次的分组报文转发能力，相当于每秒传输 40 亿个汉字信息。

新一代路由器所用的核心芯片，全部是由我国自行设计生产的。这类芯片的研制成功，标志着我国已跻身少数能够设计生产此类芯片的先进国家行列，将大大提升中国互联网的安全性，提高我国在下一代互联网技术中的国际竞争力。

成就名称：我国首款64位高性能通用CPU芯片问世

时　　间：2005年4月18日

成就简介：

中国科学院计算所研制成功的“龙芯”2号计算机高性能通用处理器，已装备多种现代电子产品，初步形成了产业链，使我国在电子产品的核心技术上开始掌握主动权。

“龙芯”2号芯片上集成了1350万个晶体管，其单精度峰值浮点运算速度为每秒20亿次，双精度浮点运算速度为每秒10亿次，最高频率为500MHz，功耗为3瓦到5瓦，远远低于国外同类芯片，其标准测试程序的实测性能是1.3GHz的威盛处理器的2倍至3倍，已达到“奔腾Ⅲ”的水平。龙芯2号是国内首款64位的高性能通用CPU芯片，能够流畅地支持视窗系统、桌面办公、网络浏览、DVD播放等应用，这款芯片在低成本信息产品方面，具有较强的性能优势。

成就名称：我国在世界上首次实现了单个分子内部的化学反应

时　　间：2005 年

成就简介：

中国科技大学微尺度物质科学国家实验室在世界上首次实现了单个分子内部的化学反应，并利用局域化学反应改变和控制分子的物理性质，从而实现重要的物理效应，为单分子功能器件的制备提供了一个极为重要的新方法，揭示了单分子科学研究新的广阔前景。

微尺度物质科学主要从事由量子力学原理控制的物质结构与性质的研究，它具有物理、化学、生物、材料、信息等多学科交叉的特点，现已成为国际前沿的研究方向。

成就名称：神舟六号载人航天飞行取得圆满成功

时　　间：2005 年 10 月 12 日

成就简介：

2005 年 10 月 17 日，在经过 115 小时 32 分钟的太空飞行，完成中国真正意义上有人参与的空间科学实验后，神舟六号载人飞船返回舱顺利着陆，航天员费俊龙、聂海胜安全返回。

神舟六号载人航天飞行的成功，标志着我国在发展载人航天技术、进行有人参与的空间实验活动方面取得了又一个具有里程碑意义的重大胜利，对增强我国的经济实力、科技实力、国防实力和民族凝聚力具有重大深远的意义。

成就名称：中国首次解决了量子密钥分配过程的稳定性问题

时　　间：2005 年 11 月

成就简介：

2005 年 11 月，中科院量子信息重点实验室成功地设计了一种具有很高的单向传输稳定性的量子密钥分配方案。该方案实现了 150 公里的室内量子密钥分配；利用中国网通公司的实际通信光缆，实现了从北京（望京）经河北香河到天津（宝坻）的量子密钥分配，实际光缆长度 125 公里，系统的长期误码率低于 6%。在该系统的量子密钥分配基础上，实现了动态图像的加密传输，图像刷新率可达 20 帧 / 秒，基本满足网上保密视频会议的要求。该保密通信系统解决了国际上一直未解决的长期稳定性和安全性的统一问题，使我国量子保密通信向国家信息安全应用迈出了关键一步。

成就名称：三峡水电站建成

时　　间：2006 年 5 月 20 日

成就简介：

三峡水电站，是世界上规模最大的水电站，也是中国有史以来建设最大性的工程项目。尽管在建设过程中面临了巨大争议和许多困难，但是它所带来的效益也是巨大的。

三峡工程不但具有防洪、发电、航运等经济效益和社会效益，而且有利于加快长江中上游水电资源的开发和有效利用，有利于三峡库区经济发展和生态环境建设。三峡工程建设符合中国先进生产力的发展要求，符合先进文化的前进方向，体现广大人民最根本的利益，无论在政治上还是经济上，都具有重大而深远的历史意义，必将载入中国和世界发展的史册。

成就名称：青藏铁路全线通车

时　　间：2006年7月1日

成就简介：

青藏铁路，简称青藏线，是一条连接青海省西宁市至西藏自治区拉萨市的国铁Ⅰ级铁路，是中国新世纪四大工程之一，也是世界上海拔最高、线路最长的高原铁路。青藏铁路全长1956公里，分两期建成。一期工程东起西宁市，西至格尔木市，1984年5月建成通车；二期工程东起格尔木市，西至拉萨市，2006年7月1日全线通车。

青藏铁路建成通车，不仅大幅度地提高了西藏的区位指数，增强了区域开发能力，更有效地加强了西藏与西南、西北的联系，与关中经济区、成渝经济区的融合程度大为提高。打破了制约旅游业发展的瓶颈，交通基础设施滞后的状况得到了极大改善，为沿线旅游资源的开发和旅游业的发展提供了难得的契机和载体，成为促进当地经济发展的强力纽带和重要桥梁。

成就名称：EAST 全超导非圆截面托卡马克核聚变实验装置建成

时　　间：2006 年 9 月 28 日

成就简介：

由国家发改委投资建设的国家大科学工程 EAST 超导托卡马克核聚变实验装置于 2006 年 9 月 28 日在首次物理放电实验中，成功获得了电流大于 200 千安，时间接近 3 秒的高温等离子体放电，这标志着世界上第一个全超导非圆截面托卡马克核聚变实验装置已在中国首先建成并正式投入运行。

成就名称：我国科学家在量子水平上观察到化学反应共振态

时　　间：2006 年 11 月

成就简介：

化学反应共振态是一种化学反应中特殊的量子过渡态，控制着化学反应的速率、产物的分支比和量子态分布，对化学反应有极其重要的影响。中国科学院大连化学物理研究所分子反应动力学实验室研究员杨学明和同事首次在实验中观察到了全量子态分辨率的氟加氢分子化学反应的共振现象，并被理论模型所证实，这项研究的最新进展发表在 2006 年 11 月出版的美国《化学物理杂志》的通讯栏目。

成就名称：我国全超导核聚实验装置第二次成功放电

时　　间：2007 年 1 月 14 日

成就简介：

我国“人造太阳”实验装置——位于合肥的全超导非圆截面核聚变实验装置（EAST）于 2007 年 1 月 14 日至 15 日连续放电四次，单次时间长约 50 毫秒。全超导核聚变装置再次成功放电，标志着我国在全超导核聚变实验装置领域进一步站在了世界前沿。

这个由我国自行设计、自行研制的“人造太阳”实验装置是世界上第一个同时具有全超导磁体和主动冷却结构的托卡马克。它的建成，使我国迈入磁约束核聚变领域先进国家行列。

成就名称：我国科学家成功实现六光子“薛定谔”猫态

时　　间：2007 年 2 月

成就简介：

中国科技大学微尺度物质科学国家实验室潘建伟、杨涛、陆朝阳等科学家，通过实验成功制备出国际上纠缠光子数最多的薛定谔猫态和可以直接用于量子计算的簇态，刷新光子纠缠和量子计算领域的两项世界纪录。

潘建伟等通过对多光子操纵技术的进一步发展，实现由六个光子极化状态相干叠加形成的薛定谔猫态，并在同一装置上实现了可以直接用于量子计算的六光子簇态。这一成果表明，中国在多粒子纠缠研究领域再次成功超越美国、德国和奥地利等发达国家，保持了国际领先水平。

该项研究成果以封面标题的形式发表在最新一期英国《自然》杂志的子刊《自然·物理》上。

成就名称：嫦娥一号发射成功

时　　间：2007年10月24日

成就简介：

2007年10月24日，搭载着我国首颗探月卫星嫦娥一号的长征三号甲运载火箭在西昌卫星发射中心三号塔架点火发射。嫦娥一号发射成功，标志着我国实施绕月探测工程迈出重要一步。

探月工程是继人造地球卫星、载人航天之后，我国航天活动的第三个里程碑。嫦娥一号突破并掌握了一大批具有自主知识产权的核心技术和关键技术，使我国成为世界上为数不多的具有深空探测能力的国家，实现了多个中国航天史及航天器的“第一”：第一次研制并成功发射中国首颗绕月探测卫星；第一次实现了绕月飞行和科学探测；第一次形成了深空探测任务的总体设计思路和研制流程……绕月期间，嫦娥一号接受地面遥控，超额完成了以全月面拍摄为主的一系列科学试验，获取了全月球影像图、月表部分化学元素分布、月表土壤厚度等一系列科学研究成果，圆满实现工程目标和科学目标，为我国月球探测后续工程和深空探测奠定了坚实的基础。

2009年3月1日，在安全飞行494天，绕月飞行5514圈后，在地面科技人员的精确控制下，嫦娥一号准确飞向了月球预定撞击点。这是月球表面第一次留下的中国痕迹，我国探月一期工程至此画上圆满的句号。

成就名称：量子中继器实验被完美实现

时　　间：2008 年 8 月 28 日

成就简介：

中国科学技术大学合肥微尺度物质科学国家实验室教授潘建伟及其同事苑震生、陈宇翱等，利用冷原子量子存储技术，在国际上首次实现了具有存储和读出功能的纠缠交换，建立了由 300 米光纤连接的两个冷原子系综之间的量子纠缠。这种冷原子系综之间的量子纠缠可以被读出并转化为光子纠缠，以进行进一步的传输和量子操作。该实验成果完美实现了远距离量子通信中急需的“量子中继器”，向未来广域量子通信网络的最终实现迈出了坚实的一步。在 8 月 28 日出版的国际著名科学期刊《自然》上，以“量子中继器实验实现”为题发表了这项重要研究成果。

成就名称：全国首批转基因保健猪在武汉培育成功

时　　间：2008 年 8 月

成就简介：

2008 年 8 月，全国首批转基因保健猪在武汉培育成功。这批转基因保健猪共有 10 头，体重均在 60—80 公斤之间。尽管与普通猪外表无异，但它们体内被转入了一种特殊基因——ω–3 脂肪酸去饱和酶基因，这种基因能在猪体内合成大量的 ω–3 脂肪酸。ω–3 脂肪酸是一种不饱和脂肪酸，是人们熟知的“深海鱼油”的重要成分之一。医学研究表明，这种脂肪酸可降低胆固醇和血压，有助于预防人类的心血管疾病。

首批转基因保健猪的问世，是我国在转基因猪研究上取得的重要进展。

成就名称：神舟七号发射成功

时　　间：2008 年 9 月 25 日

成就简介：

神舟七号载人航天飞船于 2008 年 9 月 25 日在酒泉卫星发射中心由长征二号 F 型火箭发射升空，是中国第三个载人航天飞船，也是中国首次进行出舱作业的飞船。

飞船载有翟志刚（指令长）、刘伯明和景海鹏三名宇航员，翟志刚出舱作业，刘伯明在轨道舱内协助，实现中国历史上第一次太空漫步。飞船共计飞行 2 天 20 小时 27 分钟，于 2008 年 9 月 28 日成功着陆于中国内蒙古四子王旗主着陆场。通过神舟七号的发射和飞行试验，中国将突破了航天员出舱活动的重大关键技术，为下一步空间站的建设奠定技术基础。

成就名称：全球首支获生产批号的甲型 H1N1 流感疫苗问世

时　　间：2009 年 9 月 3 日

成就简介：

甲型 H1N1 流感疫苗，是专门用于预防甲型 H1N1 流感病毒（此前曾被称为猪流感）的疫苗。北京科兴生物制品有限公司生产的甲型 H1N1 流感疫苗 9 月 3 日获得由国家食品药品监管局颁发的药品批准文号，这也是全球首支获得生产批号的甲型 H1N1 流感疫苗。该疫苗一剂免疫后 21 天，儿童、少年和成人三个年龄组保护率均在 81.4% 至 98.0% 范围内，达到了国际公认的评价标准（保护率 70% 以上），可用于 3 至 60 岁人群的预防接种，使中国成为世界上第一个可以应用甲型 H1N1 疫苗的国家。

成就名称：我国首台千万亿次超级计算机“天河一号”研制成功

时　　间：2009年10月29日

成就简介：

2009年，我国首台千万亿次超级计算机“天河一号”研制成功。“天河一号”的成功问世，是我国高性能计算机技术发展的又一重大突破，是国家和军队信息化建设的又一重要成果，为解决我国经济、科技等领域重大挑战性问题提供了重要手段，对提升综合国力具有重要战略意义。

成就名称：我国成功研制大尺寸高纯二氧化碲晶体

时　　间：2009年10月

成就简介：

中国科学院上海硅酸盐研究所研制的大尺寸、高纯二氧化碲晶体，被大型科研项目CUORE（低温地下观测稀有物理现象）采用。这一科研成就不仅有助于提升我国在暗物质探测领域的国际影响力，也对我国的中微子探测以及暗物质探测起到积极的推动作用。

成就名称：“上海光源”通过国家验收

时　　间：2010 年 1 月 19 日

成就简介：

2010 年 1 月 19 日，中国迄今最大的国家重大科学工程——上海同步辐射光源（简称“上海光源”），在上海顺利通过国家验收。此举标志着中国这一性能指标达到世界一流的中能第三代同步辐射光源，历经 10 年立项和 52 个月的紧张建设，已全面、优质、按期完成工程建设任务，即将正式对中外各学科领域的科研用户开放。

成就名称：我国首架大型民用直升机 AC313 首飞成功

时　　间：2010 年 3 月 18 日

成就简介：

由中国航空工业集团公司自主研制的我国首架大型民用直升机 AC313 于 2010 年 3 月 18 日在江西景德镇首飞成功。

该直升机最大起飞重量为 13.8 吨，可一次性搭载 27 名乘客或运送 15 名伤员，最大航程为 900 公里，可广泛用于人员和货物运输、搜索营救、抢险救灾、反恐维稳、医疗救护等航空领域。

作为我国第一个大型民用直升机，AC313 完全按照适航条例研制，整机性能达到国际第三代直升机水平，填补了我国大型民用直升机研制的空白，表明中国和欧、美、俄一样具备自主研制大型直升机的能力，在中国直升机发展史上具有里程碑意义。

成就名称：我国首辆高速磁浮国产化样车正式交付

时　　间：2010 年 4 月 8 日

成就简介：

2010 年 4 月 8 日，我国首辆高速磁浮国产化样车在成都正式交付。

样车参照德国转移技术，由中航工业成飞与上海磁浮中心联合进行总体设计，在防火安全、隔音降噪、长距离乘坐的舒适性等方面提出了更高的要求。

高速磁浮国产化样车的交付，标志着中航工业成飞已经具备了磁浮车辆国产化设计、整车集成和制造能力。

成就名称：世界首台脊柱微创手术机器人投入临床试验

时　　间：2010 年 7 月

成就简介：

2013 年 7 月 12 日，世界首台脊柱微创手术机器人在重庆新桥医院进行前期的临床试验。该系统由第三军医大学新桥医院与中科院沈阳自动化研究所联合研发，具有完全自主知识产权。

脊柱微创手术机器人系统可通过机械的精准定位提高手术的精准性，降低手术风险和减少术后并发症的发生率，同时还能降低对医生的放射损害，对于脊柱微创技术在临床的进一步推广运用具有十分重要的意义，填补了国内外相关领域空白。

成就名称：我国实验快堆实现首次成功临界

时　　间：2010 年 7 月 22 日

成就简介：

2010 年 7 月，中核集团中国原子能科学研究院自主研发的中国第一座快中子反应堆——中国实验快堆首次实现临界。临界是实验快堆最重要的一个节点，它标志着我国第四代先进核能系统技术实现了重大突破。

中国实验快堆（CEFR）是世界上第四代先进核能系统的首选堆型，代表了第四代核能系统的发展方向。其形成的核燃料闭合式循环，可使铀资源利用率提高至 60% 以上，也可使核废料产生量得到最大限度的降低，实现放射性废物最小化。国际社会普遍认为，发展和推广快堆，可以从根本上解决世界能源的可持续发展和绿色发展问题。

成就名称：我国煤代油制烯烃技术迈向产业化

时　　间：2010 年 10 月

成就简介：

2010年10月“新一代甲醇制取低碳烯烃（DMTO-Ⅱ）工业化技术”在北京首签工业化示范项目许可。陕西煤业化工集团、中石化洛阳石化工程公司和中科院大连化学物理所，与陕西蒲城清洁能源化工有限公司正式签约。

这是DMTO-Ⅱ工业化技术在全球的首份许可合同，它标志着具有我国自主知识产权、世界领先的新一代甲醇制烯烃技术，在走向工业化道路上又迈出了关键一步。

成就名称：嫦娥二号发射成功

时　　间：2010 年 10 月 1 日

成就简介：

2010 年 10 月 1 日，长征三号丙火箭在西昌卫星发射中心点火发射，卫星顺利进入近地点高度 200 公里，远地点高度约 38 万公里的地月转移轨道。这是我国首次运用火箭发射技术成功将卫星直接送入地月转移轨道。嫦娥二号卫星成功进入太空，标志着我国探月工程二期任务迈出了坚实一步。

嫦娥二号卫星是我国自主研制的第二颗月球探测卫星，是探月工程二期的技术先导星，较之嫦娥一号卫星进行了多项技术改进，将验证直接地月转移发射、近月 100 公里制动、环月轨道机动与定轨、X 频段测控、高精度对月成像以及监视相机 X 频段深空应答机等轻小型化产品，并展开其他科学探测活动，为工程后续任务验证多项关键技术，积累工程经验。

成就名称：中国科研团队蝉联国际虹膜识别算法公开竞赛冠军

时　　间：2010年11月

成就简介：

在2010年举办的国际虹膜识别算法竞赛NICE.II（Noisy Iris Challenge Evaluation-Part II）中，中科院自动化所模式识别国家重点实验室谭铁牛团队从来自25个国家和地区的41支参赛团队中脱颖而出，以测试性能指标超过第二名41.3%的绝对优势蝉联NICE系列虹膜识别算法竞赛的冠军。

该团队长期从事虹膜识别研究，并坚持从虹膜图像信息获取的源头进行系统创新，从单目到双目、从静态到动态、从近距离到远距离虹膜识别，先后历经三次技术革新，全面突破了虹膜识别领域的成像装置、图像处理、特征抽取、识别检索、安全防伪等一系列关键技术，建设了国际上最大规模的共享虹膜图像库并在70个国家和地区的3000多个科研团队推广使用，有力推动了虹膜识别学科发展，改变了我国在虹膜识别这一战略高技术领域受制于人的被动局面。

成就名称：歼－20 试飞成功

时　　间：2011 年 1 月 11 日

成就简介：

歼–20 是我国自主研制的第五代战斗机，它的研制实现了既定的四大目标——打造跨代新机、引领技术发展、创新研发体系、建设卓越团队。打造跨代新机，是按照性能、技术和进度要求，研制开发我国自己的新一代隐身战斗机。引领技术发展，指通过自主创新实现强军兴军的目标。歼–20 在态势感知、信息对抗、协同作战等多方面取得了突破，这是中国航空工业从跟跑到并跑，再到领跑的必由之路。创新研发体系，是指建设最先进的飞机研制条件和研制流程。通过一大批大国重器的研制，我们建立了具有我国特色的数字化研发体系。建设卓越团队，是指通过型号研制，锤炼一支爱党爱国的研制队伍，这些拥有报国情怀、创新精神的优秀青年是航空事业未来发展的主力军。

成就名称：“百亩片”试验田亩产突破900公斤

时　　间：2011年9月18日

成就简介：

2011年9月18日，杂交水稻之父袁隆平院士指导的超级稻第三期目标亩产900公斤高产攻关获得成功。百亩试验田位于湖南省邵阳市隆回县羊古坳乡雷峰村，18块试验田共107.9亩。9月18日，这片由袁隆平研制的“Y两优2号”百亩超级杂交稻试验田正式进行收割、验收。经验收测得隆回县羊古坳乡雷峰村百亩片亩产达到926.6公斤。杂交水稻大面积亩产900公斤，这是世界杂交水稻史上迄今尚无人登临的一个高峰，也是袁隆平带领中国专家迎战世界粮食问题的新课题。

成就名称：天宫一号成功发射

时　　间：2011 年 9 月 29 日

成就简介：

天宫一号（Tiangong-1 或 Heavenly Palace 1）是中国首个目标飞行器和空间实验室，属载人航天器，由中国航天科技集团所属中国空间技术研究院和上海航天技术研究院研制，于 2011 年 9 月 29 日由长征二号 FT1 火箭运载，发射成功。

天宫一号的发射标志着中国迈入中国航天“三步走”战略的第二步第二阶段（掌握空间交会对接技术及建立空间实验室）；同时也是中国空间站的起点，标志着中国已经拥有建立初步空间站，即短期无人照料的空间站的能力。天宫一号将分别与神舟八号、神舟九号、神舟十号飞船对接，从而建立第一个中国空间实验室。

成就名称：我国成功实现神舟八号与天宫一号交会对接

时　　间：2011 年 11 月

成就简介：

2011 年 11 月 3 日，天宫一号与神舟八号首次空间交会对接取得成功。本次对接的完成，为中国突破和掌握航天器空间交会对接关键技术，初步建立长期无人在轨运行、短期有人照料的载人空间试验平台，开展空间应用、空间科学实验和技术试验，以及建设载人空间站奠定基础、积累经验。

成就名称：我国成功研制并上市世界首个戊肝疫苗

时　　间：2012 年 1 月 11 日

成就简介：

我国生物制药原始创新取得重大突破，由厦门大学、养生堂万泰公司联合研制的“重组戊型肝炎疫苗（大肠埃希菌）”已获得国家一类新药证书和生产文号，成为世界上第一个用于预防戊型肝炎的疫苗。

戊肝疫苗的研制进展一直受到国际医药领域科学界和产业界的关注，项目组先后在国际知名学术刊物发表了 26 篇学术论文，并多次应邀在国际学术及疫苗产业会议上报告研究的进展。该疫苗临床试验结果 2010 年 8 月发表于国际刊物《柳叶刀》上，得到国内外同行的广泛认可和赞誉。我国研制成功的戊肝疫苗获准上市是全球肝炎防控领域内的一个重要里程碑。

成就名称：神舟九号发射成功

时　　间：2012 年 6 月 16 日 18 时 37 分 –29 日 10 点 03 分

成就简介：

神舟九号，是中国的第四次载人航天飞行任务，也是中国首次载人交会对接任务。2012 年 6 月 16 日，神舟九号发射升空，进入预定轨道，6 月 18 日与天宫一号完成自动交会对接工作。

神舟九号任务圆满成功标志着载人航天工程第二步任务取得了重大成果，为今后的载人航天的发展、空间站的建设奠定了良好的基础。

成就名称：“蛟龙”号第五次下潜创 7062 米新纪录

时　　间：2012 年 6 月 27 日

成就简介：

“蛟龙”号潜水器的第五次下潜取得 7062 米新纪录，再创历史新高，于海底取得了 3 个水样，2 个沉积物品和 1 个生物样品，完成了标志物布放，进行了潜水器定高、测深侧扫和重心调节实验。还利用诱饵吸引了很多生物过来，抓拍了大量照片和视频。完成了全流程验证计划。

“蛟龙”号成功突破 7000 米深度，证明它可以在全球 99.8% 的海底实现较长时间的海底航行、海底照相和摄像、沉积物和矿物取样、生物和微生物取样、标志物布放、海底地形地貌测量等作业，是我国深海技术的一项重大突破。

成就名称：我国实现 T800 高强度碳纤维量产

时　　间：2012 年 6 月 29 日

成就简介：

2012 年 6 月 29 日，江苏航科复合材料科技有限公司建成了我国首条 T800 碳纤维生产线。

国内第一条 T800 碳纤维生产线的建成，打破了欧美日国家对我国禁止销售、实施垄断的局面；T800 的量产为我国碳纤维事业发展拉开了新序幕，是碳纤维发展史上一座重要的里程碑。

中国特色社会主义新时代

成就名称：我国第一台高端服务器——浪潮天梭 K1 系统上市

时　　间：2013 年 1 月 22 日

成就简介：

2013 年 1 月 22 日，我国第一台高端服务器浪潮天梭 K1 系统正式上市。

高端服务器，业内称为关键应用主机，处理能力为普通服务器几十倍，是金融、电信、能源、交通等命脉行业的核心系统，一旦无法正常运行，将会影响相关领域的正常运转。此次发布的浪潮天梭 K1 系统最大可扩展 32 颗处理器，达到国际先进水平。

浪潮天梭 K1 系统的上市，标志着我国成为继美、日之后全球第三个掌握新一代主机技术的国家，并有望改变我国在金融、电信等核心领域大型主机长期依赖进口的尴尬局面。

成就名称：我国自主发展的运-20大型运输机首次试飞成功

时　　间：2013年1月26日

成就简介：

2013年1月26日，运-20大型运输机首次试飞取得圆满成功，该型飞机是我国依靠自己力量研制的一种大型、多用途运输机，可在复杂气象条件执行各种物资和人员的长距离航空运输任务。

运-20大型运输机的首飞成功，对于推进我国经济和国防现代化建设，应对抢险救灾，人道主义援助等紧急情况，具有重要意义。

成就名称：国内首个室温太赫兹自混频探测器问世

时　　间：2013 年 1 月

成就简介：

中科院苏州纳米所成功研制出在室温下工作的太赫兹自混频探测器，从而填补了该类探测器的国内空白。

该太赫兹探测器探测频率达到 800—1100GHz，电流响应度大于 70mA/W，电压响应度大于 3.6kV/W，等效噪声功率小于 40pW/Hz0.5，综合指标达到国际上商业化的肖特基二极管检测器指标，并成功演示了太赫兹扫描透视成像和对快速调制太赫兹波的检测。

该项技术可进一步发展成大规模的太赫兹焦平面成像阵列和超高灵敏度的外差式太赫兹接收机技术，为发展我国的太赫兹成像、通信等应用技术提供核心器件与部件。

成就名称：我国研发出首台基于再生风能驱动的机器人

时　　间：2013 年 2 月 8 日

成就简介：

由中国自主研发的风能机器人“极地漫游者”在南极中山站附近冰盖上“走”出了第一步，这是我国研发的首台基于再生风能驱动的机器人。

我国自主研制的“极地漫游者”机器人在南极开展基于风能发电驱动技术、复杂地面适应性的自平衡机构技术、基于视觉、激光与 GPS 融合的冰盖自主导航等关键技术实验研究，在国际尚属首次。这对我国极地科考与先进机器人技术的发展具有重要意义。

成就名称：东北首个核电站正式进入并网调试阶段

时　　间：2013 年 2 月 17 日

成就简介：

2013 年 2 月 17 日，辽宁红沿河核电站一期 1 号机组首次并网成功，这标志着我国东北首个核电站正式进入并网调试阶段，具备发电能力。

红沿河核电站并网发电后，不仅优化了辽宁省电力供应结构，而且将促进实现节能减排目标、进一步改善周边区域空气质量。

成就名称：世界上“最轻材料”研制成功

时　　间：2013 年 2 月 18 日

成就简介：

浙江大学研制出一种被称为“全碳气凝胶”的固态材料，密度仅每立方厘米 0.16 毫克，是空气密度的 1/6，也是迄今为止世界上最轻的材料。这一研究成果于 2013 年 2 月 18 日在线发表于《先进材料》杂志，并被《自然》杂志在“研究要闻”栏目中重点配图评论。专家指出，“全碳气凝胶将有望在海上漏油、净水甚至净化空气等环境污染治理上发挥重要作用”。除了污染治理方面，“全碳气凝胶”还将成为理想的储能保温、催化载体和吸音材料。

成就名称：痕量灌溉技术

时　　间：2013 年 2 月

成就简介：

痕量灌溉（简称“痕灌”）技术打破了农作物“被动式补水”的全球传统灌溉模式，改由农作物自己按需吸水。痕灌技术依靠毛细力作用自动调节水分供给，只湿润作物根系周围土壤，减少了水分地表蒸发和地下渗漏，提高了水分利用率，降低了作物耗水强度，从而使痕灌具有节水效果显著、作物产量稳定、水分利用效率高等多种优点。

痕灌技术还是治理沙漠化的有效方案之一，它能按照植物耗水规律适时、适量、均匀而又缓慢地供水供肥，没有蒸发或渗漏损失，且能够使植物根系层土壤长期保持在最佳水分、通气和养分状态，特别适合在无法栽培植物的环境中使用。由于痕灌耗水量少，铺设距离长，只需很少的外部能源辅助，所以该技术可以在大量因干旱而不能利用的荒地地区进行农业及林业种植与开发，从而恢复甚至增加可耕地面积。

成就名称：大亚湾中微子实验发现新的中微子振荡

时　　间：2013年3月8日

成就简介：

中微子是一种不带电，质量极其微小的基本粒子，共有三种类型，在微观的粒子物理和宏观的宇宙起源及演化中同时扮演着极为重要的角色。中微子有一个特殊的性质，即它可以在飞行中从一种类型转变成另一种类型，通常称为中微子振荡。原则上三种中微子之间相互振荡、两两组合，应有三种模式，其中两种模式"太阳中微子之谜"和"大气中微子之谜"已被多个实验证实，但第三种振荡则一直未被发现，甚至有理论预言其根本不存在（其振荡概率为零）。中国科学院高能物理研究所的科学家利用我国大亚湾核反应堆群产生的大量中微子，来寻找中微子的第三种振荡，终于在2013年3月先于国际上的几个竞争实验室，首次发现了这种新的中微子振荡模式，并精确测量到该振荡概率，被国际同行专家认为是"完美的确认和漂亮的结果"。这次发现不仅使我们可以更深入了解中微子的基本特性，也为我们了解为什么宇宙中正物质远远多于反物质开启了大门。

成就名称：“量子反常霍尔效应”研究获突破

时　　间：2013 年 3 月 14 日

成就简介：

由中国科学院物理研究所和清华大学物理系的科研人员组成的联合攻关团队，经过数年的不懈探索和艰苦攻关，最近成功实现了“量子反常霍尔效应”。这是国际上该领域的一项重要科学突破，该物理效应从理论研究到实验观测的全过程，都是由我国科学家独立完成。量子反常霍尔效应的美妙之处是不需要任何外加磁场，因此，人们未来有可能利用量子反常霍尔效应无耗散的边缘态发展新一代的低能耗晶体管和电子学器件，从而解决电脑发热问题和摩尔定律的瓶颈问题。

成就名称：世界传输电流最大的高温超导电缆

时　　间：2013 年 4 月 9 日

成就简介：

由中科院电工研究所与河南中孚实业股份有限公司等单位联合研制的高温超导直流输电电缆，已在河南中孚实业股份有限公司投入工程示范运行，并通过了科技部组织的技术验收。它的载流能力已经达到 10 千安，长度为 360 米，比普通的电缆节能 65% 以上。研究人员围绕着大电流、长距离这一高温超导直流电缆的核心技术进行攻关，突破了一系列关键技术，形成了一系列自主知识产权。针对超导电缆低温杜瓦管加工长度有限的问题，首次提出了“分段设计、插接集成”的思路和技术方案，通过采用标准化接口和双层夹套真空密封连接技术，可以实现任意长度超导电缆的连接，为长距离超导电缆研制奠定了基础。这条电缆是目前世界上传输电流最大的高温超导电缆，同时也是世界上首条实现并网示范运行的高温超导直流电缆。

成就名称：艾滋病感染黏膜疫苗研究取得巨大进展

时　　间：2013年5月1日

成就简介：

清华大学医学院张林琦教授主持的艾滋病疫苗研究取得进展，在国际权威杂志《病毒学》上发表了相关论文，在世界上首次报道了联合使用复制性豆苗病毒载体和黏膜途径初次免疫的创新型艾滋病疫苗战略，为疫苗进一步优化和人体试验打下了基础。

经过研究发现，使用口鼻途径接种可复制型的表达猴艾滋病病毒gag、pol、env片段痘苗病毒天坛株，然后用非复制型的，同样表达艾滋病病毒的gag、pol、env片段的腺病毒从肌肉途经免疫。免疫后，测试T和B淋巴细胞的免疫能力。经过多年的研究观察发现，这种黏膜疫苗可以大大提高T细胞和B细胞的免疫能力，从而有效地抑制病毒在体内的复制和传播。

成就名称：最高分辨率单分子拉曼成像

时　　间：2013年6月6日

成就简介：

2013年6月6日，一项由我国科学家首次实现的亚纳米分辨单分子光学拉曼成像的成果正式发布，这一成果把具有化学识别能力的空间成像分辨率提高到前所未有的0.5纳米，使人类能够识别分子内部的结构和分子在表面上的吸附构型。这一成果是由中国科学技术大学微尺度物质科学国家实验室侯建国院士领衔的单分子科学团队董振超研究小组完成的，在线发表于《自然》杂志。这项研究对了解微观世界，特别是微观催化反应机制、分子纳米器件的微观构造和包括DNA测序在内的高分辨生物分子成像，具有极其重要的科学意义和实用价值，也为研究单分子非线性光学和光化学过程开辟了新的途径。

成就名称：神舟十号载人飞船发射成功

时　　间：2013年6月11日

成就简介：

神舟十号，是中国第五艘搭载太空人的飞船。

2013年6月11日17时38分，神舟十号载人飞船在酒泉卫星发射中心发射升空，顺利将聂海胜、张晓光、王亚平3名航天员送入太空。6月13日，神舟十号与天宫一号完成自动交会对接，6月23日实现手控交会对接。6月25日，神舟十号飞船从天宫一号目标飞行器上方绕飞至其后方，并完成近距离交会，我国首次航天器绕飞交会试验取得成功。组合体飞行期间，航天员进驻天宫一号，并开展航天医学实验、技术试验及太空授课活动，开创中国载人航天应用性飞行的先河；飞船于2013年6月26日在内蒙古主着陆场安全着陆，完成飞行任务。

神舟十号飞行任务实现了中国载人航天飞行任务的连战连捷，为工程第二步第一阶段任务画上了圆满的句号，也为后续载人航天空间站的建设奠定了良好的基础。

成就名称：铀浓缩技术完全实现自主化

时　　间：2013 年 6 月 21 日

成就简介：

中核集团于 2013 年 6 月 21 日在兰州铀浓缩基地宣布我国核工业关键技术——铀浓缩技术完全实现自主化，并成功实现工业化应用，达到了国际先进水平，为我国铀浓缩产业参与国际竞争奠定了技术基础，标志着我国成为继俄罗斯等少数国家之后，自主掌握铀浓缩技术并成功实现工业化应用的国家。

成就名称：成功制备出世界最长碳纳米管

时　　间：2013 年 6 月 27 日

成就简介：

纳米层面的碳材料制造技术是当前材料科学界最热门的研究领域之一。碳纳米管是迄今发现的力学性能最好的材料之一，其单位质量上的拉伸强度是钢铁的 276 倍，远远超过其他材料。

清华大学魏飞教授团队成功制备出单根长度达半米以上的碳纳米管，创造了新世界纪录，这也是目前所有一维纳米材料长度的最高值，该成果于 6 月 27 日发表在国际著名期刊《美国化学会纳米》上。

成就名称：使用小分子化学物质诱导多能干细胞，逆转生命时钟

时　　间：2013 年 7 月 18 日

成就简介：

北京大学邓宏魁团队使用 4 个小分子化合物的组合对体细胞进行处理就可以成功地逆转其“发育时钟”，实现体细胞的“重编程”。使用这项技术，他们成功地将已经特化的小鼠成体细胞诱导成可以重新分化发育为各种组织器官类型的“多潜能性”细胞，并将其命名为“化学诱导的多潜能干细胞（CiPS 细胞）”。这项成果提供了更加简单和安全有效的方式来重新赋予成体细胞“多潜能性”。此外，此研究成果还有助于我们更好地理解细胞命运决定和细胞命运转变的机制，使人类在未来有可能通过使用小分子化合物的方法直接在体内改变细胞的命运。

成就名称：我国成功研发世界第一个半浮栅晶体管（SFGT）

时　　间：2013年8月9日

成就简介：

复旦大学微电子学院张卫课题组成功研制出第一个介于普通MOSFET晶体管和浮栅晶体管之间的半浮栅晶体管（SFGT）。美国《科学》杂志于8月9日刊发了该研究成果，这是我国科学家首次在该杂志上发表微电子器件领域的论文，标志着我国在全球尖端集成电路技术创新链中获得重大突破。新型晶体管可在三大领域应用且拥有巨大的潜在市场，它可以取代一部分静态随机存储器（SRAM），作为一种新型的基础器件半浮栅晶体管（SFGT）可应用于不同的集成电路，还可以应用于DRAM领域以及主动式图像传感器芯（APS）。它的成功研制将有助于我国掌握集成电路的核心技术，从而在芯片设计与制造上逐渐获得更多话语权。

成就名称：华为OceanStor 18000系列高端存储系统RAID2.0

时　　间：2013年8月12日

成就简介：

华为OceanStor18000高端磁盘阵列是华为技术有限公司研发的国内第一台16控冗余结构、可靠性达到99.999%的高端磁盘阵列。它具有16控的Scale-out体系架构，支持全局部件冗余和业务负载均衡，提供多种存储协议，提供大容量存储管理和高性能应用。单台阵列可管理最大27.6PB存储空间，峰值IOPS大于300万，最大系统总线带宽640GBPs。它特有的高可靠、高性能、大容量、Scale-out可扩展性、完善的数据保护功能和丰富的增值特性，使它可应用于大型核心数据库、高性能计算、海量数据集中存储、备份、归档和迁移等环境。该成果改变我国在金融、政府、能源、交通等国家战略应用和安全领域不得不采用国外存储产品的现状，提高了我国在信息领域的整体竞争力，对保障国家安全、促进科技进步、推动经济发展有着不可替代的重要作用。

成就名称：高分一号卫星成功发射

时　　间：2013 年 4 月 26 日

成就简介：

2013 年 4 月 26 日，高分一号卫星在酒泉卫星发射中心成功发射入轨。

高分一号卫星是国家高分辨率对地观测系统重大专项的首发星，其主要目的是突破高空间分辨率、多光谱与高时间分辨率结合的光学遥感技术，多载荷图像拼接融合技术，高精度高稳定度姿态控制技术，低轨卫星高可靠 5—8 年寿命技术，高分辨率数据处理与应用等关键技术，推动我国卫星工程水平的提升，提高我国高分辨率数据自给率。卫星经历 30 个月的研制，于 2013 年 4 月 26 日卫星由 CZ-2D 运载火箭在酒泉卫星发射中心成功发射入轨。研制中开展了偏航定标等有益尝试，为遥感产品定量化奠定了基础，也为高精度遥感卫星技术发展指明了方向。

成就名称：我国科学家在世界上首次拍到水分子内部结构

时　　间：2014年1月5日

成就简介：

北京大学量子材料中心、量子物质科学协同创新中心江颖课题组与王恩哥课题组合作，在水科学领域取得重大突破，在国际上首次实现了水分子的亚分子级分辨成像，使在实空间中直接解析水的氢键网络构型成为可能。相关研究成果于1月5日以Article的形式在线发表在《自然·材料》。

该工作不仅为水-盐相互作用的微观机制提供了新的物理图像，而且为分子间氢键相互作用的研究开辟了新的途径。另外，该工作所发展的实验技术还可进一步应用于原子尺度上的氢键动力学研究，比如质子传输、氢键的形成和断裂、振动弛豫等。

成就名称：研究人员制备成功 RF MEMS 振荡器

时　　间：2014 年 1 月 7 日

成就简介：

在中科院项目和自然科学基金的支持下，经过多方面的努力探索，中国科学院半导体研究所半导体集成技术工程研究中心成功制备了 RF MEMS 振荡器。基于微纳谐振器的 MEMS 振荡器，具有高频、高品质因子（$>10^3$），可与 IC 电路在同一芯片集成，实现系统小型化，在军民两用高技术领域具有非常广泛的应用。

成就名称：40K 以上铁基高温超导体的发现及若干基本物理性质研究

时　　间：2014 年 1 月 10 日

成就简介：

赵忠贤等荣获国家自然科学奖一等奖凭借“40K 以上铁基高温超导体的发现及若干基本物理性质研究”，铁基高温超导体的发现是继铜氧化物高温超导体之后最重要的进展，该工作引领和推动了铁基超导及相关领域的研究和发展，为国内外学术界所公认并受到广泛应用。该项工作意义重大，推动了凝聚态物理相关研究的深入发展，为潜在的重大应用提供了新的材料体系。

成就名称：世界首台容量最大柔性直流变压器研制成功

时　　间：2014 年 1 月

成就简介：

柔性直流输电是新一代直流输电技术，也是当今世界电力电子技术应用领域的制高点，具有响应速度快、可控性较好、运行方式灵活等特点，适合于孤岛供电等多种场合。而舟山柔性直流项目是国家电网公司重大科技示范工程，也是世界上第一个五端柔性直流输电工程。该工程计划 2014 年 6 月实现五站全面建成。

该产品的试验合格，大大提升了我国自主创新能力及品牌影响力，提高了我国变压器企业核心竞争能力。同时，也对提高我国电网的整体科技含量，提升直流输电产业的国际竞争力具有重大意义。

成就名称：我国首台雾霾检测激光雷达系统研制成功

时　　间：2014年1月

成就简介：

我国首台雾霾检测激光雷达系统是由黄建平教授科研团队研制出的，该系统不仅可以高精准度地监测和预警沙尘暴、雾霾天气，还可以探测大气污染物性质，甚至还可以用于医疗气象观测、卫星数据校正等领域。

该系统统用高功率激光器向天空同时发射三束激光，紫外激光与大气颗粒物作用之后，会释放出荧光，我们利用大口径的望远镜接收被大气反射回来的38个波段的信号。数据处理系统根据反射回来的信号进行分光、提取与探测，最终分析获得大气污染物数据。从这些数据中不仅能看出污染的程度，还能看出污染源。业内的专家认为，多波段拉曼——荧光激光雷达系统的成功研制，将大大降低我国购置相关产品的成本。

成就名称：我国第一艘水下考古船下水

时　　间：2014 年 1 月 24 日

成就简介：

2014 年 1 月 24 日，中国首艘水下考古船“中国考古 01 号”在重庆举行下水仪式。该船能抵御 8 级风浪袭击，除了设有普通民用船所必需的设施设备外，还配备有专门的出土文物保护实验室、考古仪器设备间以及专门的考古作业区域等，满足了水下考古发掘与出水文物保护的需要。“中国考古 01 号”的主要任务是对中国沿海海域及南海诸岛（西沙群岛）进行水下遗址的调查探摸、测绘记录、清理发掘和文物提取，同时开展对出水文物的即时处理和保护，以及对公众有限的开放和展示。

水下考古船的顺利下水，标志着国家海洋局与国家文物局在共同保护水下文化遗产的合作方面又上了一个崭新的台阶。

成就名称：4500 米级深海遥控作业型潜水器海试成功

时　　间：2014 年 4 月 22 日

成就简介：

“海马号”的研制是 863 计划支持的重点项目，是我国迄今为止自主研发的下潜深度最大、国产化率最高的无人遥控潜水器系统，实现了关键核心技术国产化。在南海进行的三个阶段的海试中，“海马号”共完成 17 次下潜，3 次到达南海中央海盆底部进行作业试验，最大下潜深度 4502 米，完成 91 项技术指标的现场考核，成功实现与水下升降装置联合作业，并通过 863 计划组织的海洋验收。此次海试的成功标志着我国掌握了大深度无人遥控潜水器的关键技术，也是我国海洋技术领域继“蛟龙号”之后的又一标志性成果，对我国深海大型 ROV 技术的工程化和产业化将起到示范性和辐射带动作用。

成就名称："北斗差分"系统通过验收

时　　间：2014 年 5 月 7 日

成就简介：

由天津航测科技中心承担的"北斗沿海差分播发系统"项目已经成功通过了交通运输部北海航海保障中心组织的专家组验收。北斗卫星导航系统沿海差分播发试验系统在天津上古林建成，历经 130 多天的运行测试，其运行期间效果良好，系统定位精度甚至可以达到 1 米以内。北斗沿海差分播发系统的研制成功是对现有航海无线电指向标——差分全球定位系统（RBN – DGPS）的增强和扩充，采用具有完全自主知识产权的国产化设备和北斗差分数据解算软件，实现了北斗 /GPS 差分信息的融合播发。该系统稳定性、连续性、可用性及定位精度均高于 RBN-DGPS 系统，为下一步北斗沿海差分播发系统示范建设和推进北斗国际海事标准化工作进程奠定了坚实的基础。未来北斗沿海差分播发系统建成后，海上公众用户只需使用一台差分北斗 /GPS 双模接收设备即可免费享受北斗、GPS 及北斗 /GPS 融合的三种模式高精度定位服务，可广泛应用于船舶航行、海洋开发、海上搜救、海洋测绘及海事监管等需要高精度导航定位服务的领域。

成就名称：甲烷高效转化研究获重大突破

时　　间：2014 年 5 月 9 日

成就简介：

中科院大连化学物理研究所包信和院士团队基于“纳米限域催化”的新概念，创造性地构建了硅化物晶格限域的单中心铁催化剂，成功实现了甲烷在无氧条件下选择活化，一步高效生产乙烯、芳烃和氢气等高值化学品。与天然气转化的传统路线相比，该技术彻底摒弃了高耗能的合成气制备过程，大大缩短了工艺路线，反应过程本身实现了二氧化碳的零排放，碳原子利用效率达到 100%。

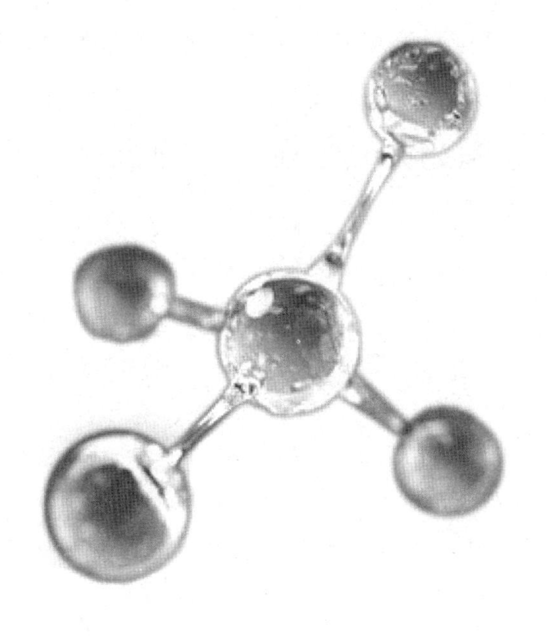

成就名称：我国成功研发出北斗车联网、船联网系统

时　　间：2014 年 5 月

成就简介：

航天科技控股集团股份有限公司（航天科技）基于北斗卫星导航系统和移动互联网、物联网技术，成功研发出北斗车联网、船联网系统，并已投入商业运行。航天科技成功研发的北斗车联网系统可为各类车辆提供超速、疲劳驾驶报警、车辆故障等信息，保障平安出行，还可根据车辆位置提供周边停车、餐饮、娱乐等服务信息，针对营运车辆可提供配货信息，并随时通报货物位置及到达时间，方便统筹调度，提高经营效益。北斗车联网、船联网系统是物联网在交通领域中非常重要的应用，也是移动互联网、物联网向交通领域发展的一个必然的结果。

成就名称：首次获人源葡萄糖转运蛋白结构

时　　间：2014 年 6 月 5 日

成就简介：

清华大学医学院颜宁教授研究组在世界上首次解析了人源葡萄糖转运蛋白 GLUT1 的晶体结构，初步揭示了其工作机制及相关疾病的致病机理。在人类攻克癌症、糖尿病等疾病的探索中迈出重要一步。据介绍，该成果不仅是针对葡萄糖转运蛋白研究取得的重大突破，同时为理解其他具有重要生理功能的糖转运蛋白的转运机理提供了重要的分子基础，揭示了人体内维持生命的基本物质进入细胞膜转运的过程，从应用前景看，依据解析得到 GLUT1 的结构信息，可以对其进行人工干预，作为相关疾病诊断或者药物开发的潜在靶点，对于人类进一步认识生命过程具有重要的指导意义。

成就名称：人造金刚石硬度首次超过天然钻石

时　　间：2014年6月12日

成就简介：

2014年6月，中国极硬材料合成再获突破，6月12日出版的《自然》杂志介绍，中国科学家团队合成出硬度两倍于天然金刚石的人造金刚石块材。金刚石在现代工业中用途广泛，是机械与电子业切割打磨、矿山和地质钻探，以及建筑建材工业必不可少的工具和材料。由于天然金刚石罕见而价值不菲（高纯度的金刚石就是钻石），人造金刚石行业就成为制造业的最基本部门之一。1963年，中国科学家成功合成了我国第一颗人造金刚石，前后用了两年多时间，走完了工业发达国家用了10多年才走完的路程。如今，中国材料科学家燕山大学田永君教授领导的研究团队，与吉林大学马琰铭教授和美国芝加哥大学王雁宾教授合作，在高温高压下成功地合成出硬度两倍于天然金刚石的纳米孪晶结构金刚石块材。这样的超硬新材料，更是圆了世界科学界和产业界的共同梦想。

成就名称：可信计算安全支撑平台关键技术研究与应用

时　　间：2014年6月17日

成就简介：

可信计算平台是针对终端安全问题提出的体系结构层面的解决方案，是下一代终端安全基础设施，对其进行研究是我国可信计算技术进步、产业发展以及国家信息安全保障体系建设的客观需要。可信计算平台测试系统主要包扣四个方面：标准符合性测评、安全性测评、实现特性测评、管理/报表。5年来，实验室在国家863计划、国家发改委高技术产业化和北京市科技计划等项目的资助下，对可信计算安全支撑平台的设计、实现和检测技术进行了深入研究，取得了一批具有国际先进水平的创新性研究成果。主要的创新贡献包括：（1）突破了可信计算平台信任链构建关键技术，研制并实现了静态信任链和动态信任链相结合的全信任链系统。（2）基于TCM安全芯片提出了可变匿名性的匿名证明协议和细粒度安全属性的远程证明协议，解决了我国可信计算标准缺乏证明协议支持的问题。（3）基于国际/国内可信计算标准构建了具有自主知识产权的可信计算安全支撑平台，掌控了可信计算平台核心关键技术。（4）在TPM/TCM安全芯片有限状态机模型的基础上提出了基于规约的测试用例自动生成方法，并基于该方法研制了一套支持可信计算产品标准符合性、安全性和实现特性检测的自动化测评系统。

成就名称：我国首块八英寸 IGBT 芯片在湘下线

时　　间：2014 年 6 月 20 日

成就简介：

IGBT，全称“绝缘栅双极型晶体管”，是电力电子器件中技术最为先进、应用最为广泛的第三代器件。与微电子技术中芯片技术（CPU）一样，IGBT 芯片技术是电力电子行业中的“心脏”和“大脑”，能够控制并提供大功率的电力设备电能变换，进而有效提升设备的能源利用效率、自动化和智能化水平。

2014 年 6 月 20 日，国内首个自主研发生产的 8 英寸 IGBT 专用芯片，在中国南车株洲电力机车研究所下线。中国南车集合上百位专家，积 20 余年之功，累计投入超过 3 亿元，在 IGBT 芯片设计、封装测试、可靠性试验、系统应用上攻克了 30 多项重大难题，最终全面掌握了该器件的成套技术，建立起完整的 IGBT 规模化、专业化生产工艺体系，实现了我国 IGBT 技术从弱到强的转变。由 IGBT 芯片组成的 IGBT 器件、模块、组件以及系统装置现已广泛应用轨道交通、智能电网、航空航天、船舶驱动、新能源、电动汽车等高端产业，同时应用于空调、洗衣机等家用电器，高功率等级的 IGBT 更是在国家经济安全、国防安全等战略性产业领域起着关键作用。

成就名称：首次揭示阿尔茨海默氏症致病蛋白三维结构

时　　间：2014 年 7 月 3 日

成就简介：

清华大学生命科学院施一公院士研究组在世界上首次揭示了与阿尔茨海默氏症发病直接相关的人源 γ 分泌酶复合物（γ-secretase）的精细三维结构，为阿尔茨海默氏症的发病机理提供了重要线索。相关成果以长文形式在线发表于《自然》杂志。阿尔茨海默氏症不但给病人及家属造成极大痛苦，也带来沉重的社会负担。该研究组利用瞬时转染技术，在哺乳动物细胞中成功过量表达并纯化出纯度好、性质均一、有活性的 γ-secretase 复合体。同时，通过对获得的复合物样品进行冷冻电镜分析，最终获得了分辨率达 4.5 埃的 γ-secretase 复合物三维结构。据此，科学家对阿尔茨海默氏症的研究将开启新篇章。

成就名称：我国建成 100MeV 质子回旋加速器

时　　间：2014 年 7 月 4 日

成就简介：

100MeV 质子回旋加速器直径 6.16 米、总重量 475 吨，由我国自主设计、建造、安装和调试，是目前国际上最大的紧凑型强流质子回旋加速器。它的成功研制，表明我国已经掌握了特大型超精密的磁工艺技术、大功率高稳定度的高频技术、强流离子源与高效率注入技术等一批质子回旋加速器核心技术。

100MeV 质子回旋加速器将加速器设计为紧凑型，可保证高流强、高效率，降低建造费用和运行费用；而当能量达到 100MeV 后，加速器将在核技术应用、核医学、放射医学等方面发挥独特作用。

100MeV 质子回旋加速器作为我国 HI−13 串列加速器升级工程的关键实验设施，还将完成与在线同位素分离器和重离子超导直线增能器的综合调试，逐步形成一器多用、多器合用、多领域、多学科的科学研究平台，使我国成为少数几个拥有新一代放射性核束加速器的国家。

成就名称：我国遥感无人机创造续航 30 小时新纪录

时　　间：2014 年 7 月 9 日

成就简介：

2014 年 7 月 9 日，我国自主研发的超长航时无人机遥感系统宣告成功，打破了我国遥感无人机最长续航 16 小时的纪录，创造了续航 30 小时的新纪录。

这种无人机配备高性能四冲程风冷发动机，使其有足够动力，高轻度碳纤维复合材料机身、V 形尾翼使其重量轻、阻力小，排量小，从而实现了长时间续航。这可以保证无人机在获取空中遥感数据时的完整性、连贯性，满足较大面积的地图空白区和特殊地区的测图任务。此次无人机作业还首次采用同空域多架次在线飞行，突破了基于无线电通信技术多频、多 ID 的同步在线技术难题，可实现同空域范围内多架飞机有序飞行，互不干扰，避免了撞击的风险。多架飞机同时作业，大大提高了工作效率，为抢险救灾更加快速获得资料提供了可能。

成就名称：国内首套 GBAS 卫星导航着陆系统研制成功

时　　间：2014 年 7 月 28 日

成就简介：

传统着陆系统只能从跑道固定一端引导一架飞机直线着陆，其他飞机在空中等待降落。新系统支持飞机从跑道任意一端降落，并提供多条进港线路，减少飞机等待，缓解停机坪拥堵，进而增强机场吞吐能力，提高航班准点率。

GBAS 卫星导航着陆系统解决了我国西部复杂地形环境下机场进近着陆引导问题，大幅度提高高原、峡谷等地形复杂机场的飞行安全。新系统已在林芝米林机场、银川机场、锡林浩特机场等进行了累计 80 余架次的试飞试验，效果良好。新系统的应用将大大提高机场容量，节约机场运行成本，减小飞行延误率，提高旅客飞行舒适度。

成就名称：中国地质大学发现天然碲钨矿新矿物

时　　间：2014 年 9 月 8 日

成就简介：

中国地质大学（北京）科学研究院教授李国武在云南省华坪县境内一半风化碱性花岗岩中发现的新矿物获得国际矿物学会矿物分类及新矿物命名委员会的正式批准。该物质由半金属碲和钨、钾构成，是一种具有全新成分和结构的矿物，并因其特殊的成分被命名为碲钨矿。

碲钨矿具有钨青铜型结构的衍生结构，钨氧八面体共顶角连接成六方环状孔道结构。孔道沿 a 轴延伸，钾分布于六方孔道中，钨氧八面体柱间由碲氧偏四面体中的弱键连接。研究人员通过单晶衍射观察到弱的卫星衍射点，并发现有二维的非公度调制结构现象。这可能是由于钾和碲、钨的占位（或变价）及空位变化导致了该矿物某种程度的调制结构。

半金属元素碲通常和金形成碲金矿，或与硫形成硫化物。此次发现的碲与钨、钾形成钨碲氧化物，是目前首次发现的天然矿物。该发现对于研究碲的晶体化学特性以及花岗岩型碲矿床新类型具有重要的理论和实际意义。

成就名称：我国民用航天遥感科技进入“亚米级”时代

时　　间：2014 年 9 月 21 日

成就简介：

高分二号卫星是我国自主研制的首颗空间分辨率优于 1 米的民用光学遥感卫星，观测幅宽达到 45 公里，同时具备快速机动侧摆能力和较高的定位精度，有效地提升了卫星综合观测效能。

亚米级遥感数据在国际遥感领域称为“黄金数据”，有着重要的应用价值和商业价值。所谓亚米级，通俗地来说就是 1 米以下分辨率。现在高分二号像元分辨率是 0.8 米，就是在 60 万米的高空能看见我们地物图斑的大小是 0.8 米 ×0.8 米，能看清道路标志线。这不仅为我国经济建设、生态文明建设、民生安全保障和推进国家治理能力现代化起到信息支撑作用，同时对于信息应用企业开展商业化信息增值服务、开拓国际市场、推动空间信息产业发展等方面也具有重要意义。

成就名称：首套30米分辨率全球地表覆盖遥感制图数据集成功研制

时　　间：2014年9月22日

成就简介：

30米分辨率的遥感影像被认为是用于描述全球地表覆盖及其变化的最佳尺度。该数据不仅能提供直观的地表覆盖空间分布和变化信息，还能通过空间统计获得地表覆盖类型的统计和变化量，从而以定量方式获知人类活动对自然环境的影响程度，使联合国及各成员国能够以一致、标准的方式监测、评估和监督地表发展变化情况。

由国家测绘地理信息局完成的这一863重点项目研究成果，涵盖全球陆域范围和两个基准年（2000年和2010年），包括水体、耕地和林地等十大类地表覆盖信息，提供着全球地表覆盖空间分布与变化的详尽信息，将同类全球数据产品的空间分辨率提高了10倍，是全球环境变化研究、可持续发展规划等不可或缺的重要基础资料。目前已有来自全球70多个国家的上千名科技工作者与用户下载和使用了超过3万幅数据，该成果正在全球环境变化监测和可持续发展等方面发挥重要作用。

成就名称：光通信技术取得新突破

时　　间：2014 年 9 月 24 日

成就简介：

“超高速超大容量超长距离光传输基础研究”国家 973 项目在武汉通过验收，在国内首次实现一根头发丝般粗细的普通单模光纤中以超大容量超密集波分复用传输 80 公里，传输总容量达到 100.23Tb/s，相当于 12.01 亿对人在一根光纤上同时通话。这一项目由武汉邮电科学研究院牵头，华中科技大学、复旦大学、北京邮电大学、西安电子科技大学等单位参与，实现了我国光传输实验在容量上的突破。网络传输容量是衡量国家网络承载能力和水平的关键性指标。这一项目致力于打造超高速度超大容量超长距离传输网络，为下一代光传输网络进行的技术储备，推动我国在光通信领域保持国际领先地位。

成就名称：超级稻亩产突破一千公斤

时　　间：2014 年 10 月 10 日

成就简介：

超级"杂交水稻之父"袁隆平院士领衔攻关的湖南省溆浦县横板桥乡红星村超级稻基地，经中国水稻所所长程式华任组长的中国超级稻第四期攻关测产验收专家组现场测产验收，百亩片平均亩产达 1026.7 公斤。这标志着中国超级杂交水稻第四期亩产 1000 公斤攻关目标获得成功，再创世界纪录。

成就名称：我国首颗低轨移动通信卫星完成全部在轨测试

时　　间：2014年10月26日

成就简介：

由清华大学—信威通信空天信息网络技术联合研究中心研制的灵巧通信试验卫星已完成全部在轨测试试验，实现了中国首颗低轨移动通信卫星的重要突破。

该卫星重量约130公斤，运行在高度约为800公里的太阳同步轨道，通信覆盖区直径约2400公里；电磁频谱监测区域直径1000公里，实现了覆盖区内卫星手持终端语音业务、数据业务和移动互联网业务，主要指标优于国际上现有的低轨移动通信在轨卫星的最好水平。

该卫星于2010年10月由清华大学与信威通信联合立项研制，采用星载智能天线、星上处理与交换、天地一体化组网、小卫星一体化集成设计等多项创新技术，验证了北斗定位授时等业务，为支撑发展星座通信网络积淀了基础。

成就名称：探月工程三期再入返回飞行试验圆满成功

时　　间：2014 年 11 月 1 日

成就简介：

2014 年 11 月 1 日 6 时 42 分，再入返回飞行试验返回器在内蒙古四子王旗预定区域顺利着陆，中国探月工程三期再入返回飞行试验获得圆满成功。再入返回飞行试验器于 10 月 24 日在中国西昌卫星发射中心发射升空，进入地月转移轨道。试验器成功实施 2 次轨道修正，于 27 日飞抵月球引力影响球，开始月球近旁转向飞行。28 日晚，试验器完成月球近旁转向飞行，进入月地轨道。30 日再次实施 1 次轨道修正后重返地球。首次再入返回飞行试验圆满成功，标志着我国已全面突破和掌握航天器以接近第二宇宙速度再入返回关键技术，为全国完成探月工程“绕、落、回”三步走战略目标打下了坚实基础，对我国月球及深空探测乃至航天事业的持续发展具有重大意义。

成就名称：“南海九号”首口千米水深井成功完钻

时　　间：2014年11月5日

成就简介：

“南海九号”是除“海洋石油981”外，中国海油作业水深最大的半潜式钻井平台，属于第四代钻井平台，设计作业水深1524米，最大钻井深度7620米。

“南海九号”采用锚泊定位进行钻进作业。8个单重18吨的锚头带着钢缆，被分别投放在距平台平均3000米的位置上，像“八爪章鱼”般紧扣海底以维持平台稳定。每条“章鱼触须”都维持着130吨的拉力，相当于10个高铁火车头产生的牵引力。如果将8个方向上的锚头连起来，所覆盖的面积近30平方公里，相当于4200个标准足球场的总面积。

“南海九号”深水首秀成功，标志着我国深水钻井迈上一个新的台阶，深水钻井技术、装备梯队建设进一步完善，为深水大规模勘探、开发奠定坚实基础。

成就名称：中国高铁实现百分百中国制造

时　　间：2014 年 11 月 25 日

成就简介：

2014 年 11 月 25 日，装载“中国创造”牵引电传动系统和网络控制系统的中国北车 CRH5A 型动车组进入“5000 公里正线试验”的最后阶段。这是中国首列实现牵引电传动系统和网络控制系统完全自主创新的高速动车组，标志着中国高铁列车核心技术正实现由“国产化”向“自主化”的转变。

牵引电传动系统就是“高铁之心”，是列车的动力之源，决定高铁列车能否高性能高舒适地运行；网络控制系统则是“高铁之脑”，决定和指挥着列车的一举一动。因此，能否实现这两大核心技术的自主研发是衡量高铁列车制造企业是否具备核心创造能力的根本性指标。

中国北车“高铁之心”和“高铁之脑”成功植入高速动车组，将有利于中国标准化动车组的推动和中国高铁走出去。

成就名称：抗晚期胃癌新药阿帕替尼上市

时　　间：2014 年 12 月

成就简介：

2014 年 12 月，江苏恒瑞医药股份有限公司自主研发的国家 1.1 类新药“甲磺酸阿帕替尼片”获批上市。

阿帕替尼是全球第一个在晚期胃癌被证实安全有效的小分子抗血管生成靶向药物，也是晚期胃癌标准化治疗失败后，疗效最好的单药。同时，阿帕替尼是胃癌靶向药物中唯一一个口服制剂，将极大地提高患者治疗的依从性。2014 年 6 月，该药的临床研究被美国临床肿瘤学会（ASCO）选作大会报告，这是中国创新药研究第一次在全球顶级学术会议上作大会报告，第一次入选该年会优秀研究。

阿帕替尼通过抑制肿瘤血管生成，从而治疗肿瘤，能够显著延长晚期胃癌患者的生存期，同时大大减低患者费用。它的成功上市，是我国在肿瘤治疗领域创新发展方面取得的又一重大突破。

成就名称：我国成功研制出首颗“量子科学实验卫星”关键部件

时　　间：2014年12月12日

成就简介：

“量子科学实验卫星”是中科院空间科学战略性先导科技专项中首批确定的五颗科学实验卫星之一，旨在建立卫星与地面间远距离量子科学实验平台，并在此平台上完成多项大尺度量子科学实验。该项目启动于2011年，由中科院院士、中国量子科学研究的领军人物潘建伟团队牵头实施。

“量子科学实验卫星”关键部件的成功研制，不仅是中国保密通信领域“撒手锏”技术研发的重大突破，实现了从跟随创新到引领创新、从集成创新到原始创新的跨越，同时也是世界量子通信技术的重要创新，它有望将人类科技发展史上“最安全的通信手段”具备覆盖全球的能力。

成就名称：我国超强超短激光器实现 1000 万亿瓦输出

时　　间：2014 年 12 月 17 日

成就简介：

上海光机所正在研制的 10PW（千万亿瓦，拍瓦）级超强超短激光装置，实现了 1PW 激光脉冲输出，这是国际上基于光学参量啁啾脉冲放大器首次突破 1PW 激光峰值功率大关，验证了啁啾脉冲放大链（CPA）与光学参量啁啾脉冲终端放大器（OPCPA）相结合的混合放大器方案作为 10PW 级超强超短激光装置总体技术路线的可行性。

此激光装置主要包括基于钛宝石晶体的 800 纳米波段宽带高信噪比 CPA 放大链、基于三硼酸锂晶体的 OPCPA 终端放大器和激光脉冲压缩器等几个模块。最终获得 45.3J 的放大输出，转换效率接近 27%，放大光谱全宽约 80 纳米，压缩脉宽为 32.0fs，压缩后单脉冲能量 32.6J，对应峰值功率 1.0PW。

拍瓦超强超短激光能在实验室内创造出前所未有的超强电磁场、超高能量密度和超快时间尺度综合性极端物理条件，在激光加速、激光聚变、核医学等领域有重大应用价值，是国际激光科技竞争前沿之一，多个国家已提出了大型超强超短激光装置研究计划。

成就名称：我国在世界上首次实现多自由度量子体系隐形传态

时　　间：2015 年 2 月 26 日

成就简介：

在中国科学院、教育部、科技部和国家自然科学基金委等有关科教主管部门的大力支持下，研究小组选取单光子自旋和轨道角动量作为研究对象，创造性地发展了多项新颖的多粒子多自由度的纠缠操纵技术，巧妙地设计了利用单光子非破坏测量技术实现自旋和轨道角动量多自由度贝尔态测量的新方案。经过多年艰苦努力，研究人员成功制备了国际上最高亮度的自旋–轨道角动量超纠缠源、高效率的轨道角动量测量器件，突破了以往国际上只能操纵两光子轨道角动量的局限，搭建了 6 光子 11 量子比特的自旋–轨道角动量纠缠实验平台，成功实现了多自由度量子体系的隐形传态。

该研究成果是自 1997 年国际上首次实现单一自由度量子隐形传态以来，科学家们经过 18 年努力在量子信息实验研究领域取得的又一重要突破，为发展可扩展的量子计算和量子网络技术奠定了坚实的基础。

成就名称：碳基高效光解水催化剂研制成功

时　　间：2015 年 2 月 27 日

成就简介：

利用太阳光直接催化分解水同时制取氢和氧是发展清洁、绿色可再生能源的理想策略之一。然而，大多数光催化剂量子效率较低、稳定性较差。苏州大学纳米科学技术学院康振辉、Yeshayahu Lifshitz 和李述汤研究组设计构建出一种非金属碳纳米点—氮化碳（C_3N_4）纳米复合材料高效光解水催化剂，实现了可见光下高效的全分解水：第一步，氮化碳分解水生成过氧化氢和氢气；第二步，碳纳米点将过氧化氢分解成水和氧气。该催化剂具有较好的稳定性（可见光催化活性 200 天保持不变）以及较高的太阳能到氢能的转换效率（波长 420 ± 20nm 下量子效率为 16%，太阳能到氢能的转换效率约为 2%）。此外，该催化剂材料还具备廉价、资源丰富、环境友好等优点。2015 年 2 月 27 日，相关研究论文发表在《科学》上。该研究结果为深入理解和设计高效光催化剂提供了新的思路。

成就名称：猪病毒性腹泻三联活疫苗研发成功

时　　间：2015 年 3 月 24 日

成就简介：

中国农业科学院哈尔滨兽医研究所自主研究成功的“猪腹泻三联活疫苗”正式投产，填补了国内空白，技术达国际先进水平。作为“一针防三疾”的新型疫苗，可有效应对猪传染性胃肠炎、猪流行性腹泻、猪轮状病毒（G 型），尤其对控制混合感染具有很强的针对性。

研究人员为掌握猪腹泻病的流行和感染状况，摸清轮状病毒基因型，深入疫情发生地开展流行病学调查，为疫苗的研发提供了坚实而有力的科学依据。“三联活疫苗”不是单单把三个病毒混在一起那么简单。他们发明了适应传代细胞系的安全性高、免疫原性好、具有独特分子标记的弱毒株，攻克了三种猪腹泻病毒难以适应细胞、致弱过程中免疫原性减弱、强弱毒株难以区分的世界性难题。他们创建的传代细胞系替代原代细胞系的生产新工艺，突破了原代细胞培养过程中外源病毒污染难以控制的技术瓶颈，能降低生产成本约 2/3。当前危害我国猪群的三种主要病原的致弱病毒，采用传代细胞系进行生产，杜绝了外源病毒污染等问题，疫苗采取后海穴注射免疫，对于单一感染、混合感染均有很好的预防作用，极大地推动了国内外三种腹泻病防控理论与技术体系的丰富和完善。

成就名称：世界首个自驱动可变形液态金属机器问世

时　　间：2015年3月25日

成就简介：

置于电解液中的镓基液态合金可通过“摄入”铝作为食物或燃料提供能量，实现高速、高效的长时运转，一小片铝即可驱动直径约5毫米的液态金属球实现长达1个多小时的持续运动，速度高达5厘米/秒。这种柔性机器既可在自由空间运动，又能于各种结构槽道中蜿蜒前行；令人惊讶的是，它还可随沿程槽道的宽窄自行作出变形调整，遇到拐弯时则有所停顿，好似略作思索后继续行进，整个过程仿佛科幻电影《终结者》中的机器人现身一般。液态金属机器一系列非同寻常的习性已相当接近一些自然界简单的软体生物，比如：能“吃”食物（燃料），自主运动，可变形，具备一定代谢功能（化学反应），因此被称为液态金属软体动物。

此项研究宣布世界上首次发现了一种异常独特的现象和机制，即液态金属可在吞食少量物质后以可变形机器形态长时间高速运动，实现了无须外部电力的自主运动，为研制实用化智能马达、血管机器人、流体泵送系统、柔性执行器乃至更为复杂的液态金属机器人奠定了理论和技术基础。

成就名称：北斗系统全球组网首星发射成功

时　　间：2015 年 3 月 30 日

成就简介：

2015 年 3 月 30 日，伴随着一阵巨大的轰鸣声，长征三号丙运载火箭从西昌卫星发射中心腾空而起，载着北斗系统全球组网的首颗卫星飞向太空，随后卫星顺利进入预定轨道。这颗卫星的成功发射，标志着我国北斗卫星导航系统由区域运行向全球拓展的启动实施。

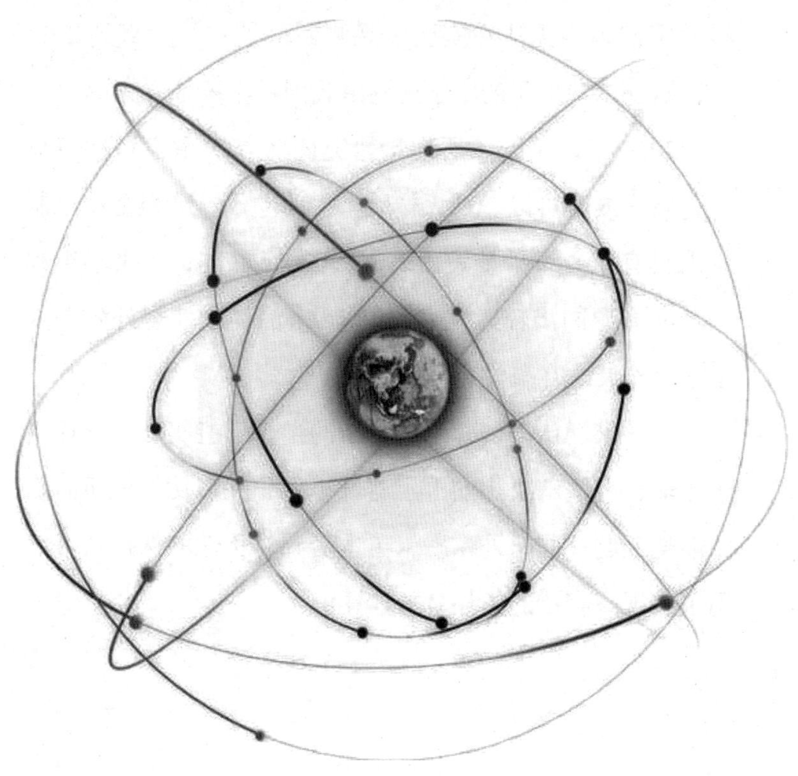

成就名称：首次发现外尔费米子

时　　间：2015 年 7 月 21 日

成就简介：

中科院物理所方忠研究员带领的团队首次在实验中发现了外尔费米子（Weyl fermion）。这是国际上物理学研究的一项重要科学突破，对“拓扑电子学”和“量子计算机”等颠覆性技术的突破具有非常重要的意义。外尔费米子是德国科学家威尔曼 · 外尔在 1929 年预言的，不过，科学家们始终无法在实验中观测到这种粒子。直到 2015 年，对外尔费米子的实验观测由我国科学家独立完成。

2012 年以来，该所理论研究团队首次预言在狄拉克半金属中或许可以发现无“质量”的电子。陈根富小组制备出具有原子级平整表面的大块 TaAs 晶体，丁洪小组利用上海光源同步辐射光束照射 TaAs 晶体，使得外尔费米子第一次展现在科学家面前。

科学家们认为，外尔费米子的半金属能实现低能耗电子传输，有望解决当前电子器件小型化和多功能化所面临的能耗问题；同时外尔费米子也受到对称性的保护，可以用来实现高容错的拓扑量子计算。

成就名称：攻克细胞信号传导重大科学难题

时　　间：2015 年 7 月 23 日

成就简介：

中科院上海药物所研究员徐华强领衔国际 28 个实验室、60 余名科学家所组成的交叉团队，经过联合攻关，利用世界最强 X 射线激光，成功解析视紫红质 - 阻遏蛋白复合物晶体结构，攻克了细胞信号传导领域重大科学难题。

视紫红质是一个经典的 G−蛋白偶联受体，它可以感受外界光信号，并将光信号传导至细胞内，进而产生视觉。

该科研成果揭开了人体信息交流系统的秘密，即身体如何感知外部世界，并将信息通过 G−蛋白发送到细胞具有划时代的意义。该研究不仅解决了世界级科学难题，同时为选择性更高的药物开发奠定了理论层面的坚实基础，开启了利用 X 射线自由电子激光技术解决蛋白质科学难题的新思路。

成就名称：剪接体高分辨率三维结构获解析

时　　间：2015年8月21日

成就简介：

2015年8月21日，剪接体高分辨率三维结构获解析。这一研究利用高分辨质谱技术对剪接体复合物的成分进行了准确鉴定的同时，还利用交联质谱技术对剪接体复合物组成蛋白的分子间相互作用进行分析。质谱数据为蛋白复合物的结构搭建提供分子基础，更为酵母剪接体结构提供了电镜之外的最有效证据。

这一研究成果具有极为重大的意义。自20世纪70年代后期RNA剪接的发现以来，科学家们一直在步履维艰地探索其中的分子奥秘，期待早日揭示这个复杂过程的分子机理。对剪接体近原子分辨率结构的解析，不仅初步解答了这一基础生命科学领域长期以来备受关注的核心问题，又为进一步揭示与剪接体相关疾病的发病机理提供了结构基础和理论指导，阐述了剪接体对前体信使RNA执行剪接的基本工作原理，也标志着困扰国际生命科学领域多年的分子生物学“中心法则”即基因表达最基础、最核心生命活动规律的关键步骤被揭示。

成就名称：长征六号首飞“一箭多星”创纪录

时　　间：2015年9月20日

成就简介：

我国新型运载火箭长征六号在太原卫星发射中心点火发射，成功将20颗微小卫星送入太空。此次发射任务圆满成功，不仅标志着我国长征系列运载火箭家族再添新成员，而且创造了中国航天一箭多星发射的新纪录，这也是中国新一代运载火箭的首次发射。

长征六号运载火箭是三级液体运载火箭，动力系统采用液氧煤油发动机，具有无毒无污染、发射准备时间短等特点，主要用于满足微小卫星发射需求。该型运载火箭由中国航天科技集团公司所属上海航天技术研究院抓总研制，秉承低成本、高可靠、适应性强、周期短的特点进行研制，形成了“一个系列，两种发动机、三个模块”的总体研发思路，它的研制成功，填补了我国无毒无污染运载火箭空白，对于完善我国运载火箭型谱、提高火箭发射安全环保性、提升进入空间的能力具有重要意义。

成就名称：“永磁高铁”牵引系统通过首轮线路试验考核

时　　间：2015年10月

成就简介：

搭载着由中国中车研发的永磁同步牵引系统的中国首列“永磁高铁”在2015年10月底通过整车首轮线路运行试验考核。这意味着我国高铁动力正发生革命性变化，成为世界上少数几个掌握“永磁高铁”牵引技术的国家。该牵引系统包括永磁同步牵引电机、牵引变压器、变流器、控制器等核心部件，其中电机采用世界新型稀土永磁材料，有效克服了永磁体失磁的世界难题；其巧妙设计的轴承散热结构能有效降低轴承温升，确保牵引动力运行的安全可靠；同时，采用了宽域高效的控制技术策略，实现高速方波弱磁控制和高速平稳重投；整个牵引系统体现节能高效系统特性匹配，节能10%以上。其研制成功不仅拉开了我国高铁“永磁驱动时代”的序幕，也为我国高铁参与国际竞争赢得了先机，使中国高铁在世界舞台上更具有核心竞争力。

成就名称：首架国产大飞机下线

时　　间：2015年11月2日

成就简介：

我国自主研制的大型客机C919首架机于2015年11月2日在上海正式下线。在研发的集成创新过程中，全产业链上有将近20万人参与研发制造，其采用的新技术、新材料、新工艺辐射拉动了中国经济和科技发展、基础学科进步及航空工业发展，这不仅标志着C919首架飞机的机体大部段对接和机载系统安装工作正式完成，已经达到可进行地面试验的状态，更标志着C919大型客机项目工程发展阶段研制取得了阶段性成果，为下一步首飞奠定了坚实基础。

成就名称：天河二号喜获世界超算“六连冠”

时　　间：2015 年 11 月 18 日

成就简介：

2015 年 11 月 18 日，由国防科技大学研制的天河二号超级计算机系统，在国际 TOP500 组织发布了第 46 届世界超级计算机 500 强排行榜上再次位居第一。这是天河二号自 2013 年 6 月问世以来，连续 6 次位居世界超算 500 强榜首，获得“六连冠”殊荣。这也是世界超算史上第一台实现六连冠的超级计算机，创造了世界超算史上连续第一的新纪录。

超级计算机作为世界大国必争的战略高技术制高点，是国家科技发展水平和综合国力的重要标志，是国家 863 计划超前部署、长期支持的战略方向之一。此次，天河二号超级计算机系统获得世界超算“六连冠”，是我国“十二五”期间取得的重大科技成果，在国际超级计算界也将产生极大反响。

天河二号连续 6 次夺冠，一方面表明我国超级计算机研制技术处于国际领先水平，另一方面也是我国在超算这一战略必争领域实力的体现，在我国乃至世界超算发展史上具有里程碑式的重大意义。

成就名称：首次发现相对论性高速喷流新模式

时　　间：2015 年 11 月 26 日

成就简介：

国家天文台研究员刘继峰带领团队在国际上首次从超软 X 射线源发现相对论性高速喷流，打破了天文学界以往的认知，揭示了黑洞吸积和喷流形成的新方式。该成果于 2015 年 11 月 26 日发表于《自然》杂志。

刘继峰团队利用世界上最大的光学望远镜——美国的 Keck 十米望远镜和西班牙的 GTC 十米望远镜，对处于千万光年之外的蜗漩星系 M81 中的极亮超软 X 射线源进行了光谱监测研究，首次发现其光谱中有随时间变化的蓝移的氢元素的发射线，揭示了该系统中存在速度达到 0.2 倍光速的相对论性重子喷流。这种相对论性喷流，不可能由白矮星产生，也不可能由带有超软 X 射线辐射的中等质量黑洞产生，因此确认了此天体其实是处于超软 X 射线谱态的恒星级黑洞。

这项研究为天文学家理解黑洞吸积与喷流形成打开了一面新的窗口，改写了我们对超软 X 射线源的认知和喷流形成的认知。

成就名称：我国成功发射首颗暗物质粒子探测卫星“悟空”

时　　间：2015 年 12 月 17 日

成就简介：

2015 年 12 月 17 日，我国的暗物质粒子探测卫星“悟空”成功发射，这是我国的第一颗天文卫星，从立项、设计到研制交付，经过了约 4 年的时间，是目前世界上观测能段范围最宽、能量分辨率最优的暗物质粒子探测卫星。

“悟空”是一个空间望远镜，有效载荷质量 1410 公斤，它将在太空中开展高能电子及高能伽马射线探测任务，探寻暗物质存在的证据，研究暗物质特性与空间分布规律。

暗物质粒子探测卫星的成功发射和在轨运行将有望推动我国科学家在暗物质探测领域取得重大突破，对促进我国空间科学领域的创新发展具有重大意义。

成就名称：揭示埃博拉病毒入侵机制

时　　间：2016 年 1 月

成就简介：

2016 年 1 月 15 日，国际学术期刊《细胞》在线发表中国科学院微生物研究所、中国疾病预防控制中心高福研究团队的文章《埃博拉病毒糖蛋白结合内吞体受体 NPC1 的分子机制》，从分子水平阐释了一种新的病毒膜融合激发机制（第五种机制），这种新型机制与之前病毒学家们熟知的四种病毒膜融合激发机制都大为不同，成为近年来国际病毒学领域的一大突破。该研究团队率先解析了 NPC1 分子的腔内结构域 C 的三维结构，发现其具有一个由 α 螺旋和 β 折叠组成的球状核心结构域和两个突出来的环状结构。随后，研究人员解析出激活态糖蛋白与腔内结构域 C 的复合物三维结构，发现结构域 C 主要利用两个突出来的环状结构插入激活态糖蛋白头部的疏水凹槽里，从而发生相互作用。

这一重大发现预示着人们能够针对激活态糖蛋白头部的疏水凹槽设计小分子或多肽抑制剂，来阻断埃博拉病毒的入侵过程。该研究为抗病毒药物设计提供了新靶点。这项研究加深了人们对埃博拉病毒入侵机制的认识，为应对埃博拉病毒病疫情及防控提供重要的理论基础。

成就名称：大亚湾实验测得最精确的反应堆中微子能谱

时　　间：2016 年 2 月

成就简介：

大亚湾中微子实验测得了迄今为止最精确的反应堆中微子能谱。实验采集了世界上最大的反应堆中微子样本，分析了部分数据后，发现与理论预期存在两处偏差，这为未来的反应堆中微子实验提供了重要的测量数据。该结果于 2016 年 2 月 12 日发表于美国《物理评论快报》。反应堆实验的关键因素是需要知道反应堆总共发射了多少个中微子，以及不同能量的中微子各占多少。以往，科学家基于对反应堆中裂变过程的理解，通过计算或其他间接方法来估算，换言之，这些研究多依赖于理论模型。而大亚湾实验此次给出了最精确的、与模型无关的能谱测量，总共分析了 217 天、包含 30 多万个中微子的数据，经过对数据样本的细致研究，中微子能量测量达到了前所未有的精度。测量数据与前人预言不一致，这种偏差意味着中微子能量计算所依赖的模型可能需要重新研究，这为未来的反应堆中微子实验提供了重要的测量数据，对下一代反应堆中微子实验至关重要。

成就名称：煤气化直接制烯烃告别高耗能

时　　间：2016年

成就简介：

中国科学院大连化学物理研究所院士包信和研究员潘秀莲领导的团队，创造性地采用一种新型复合催化剂，可将煤气化产生的合成气（纯化后 CO 和 H_2 的混合气体）直接转化，高选择性地一步反应获得低碳烯烃。该研究成果于 2016 年 3 月 4 日在美国《科学》杂志上发表，过程已申报中国发明专利和国际 PCT 专利。《科学》杂志同期刊发了以《令人惊奇的选择性》（*Surprised by Selectivity*）为题的专家评述文章，认为该过程未来在工业上将具有巨大的竞争力。

这一突破性进展摒弃了 90 多年来煤转化过程中传统的“费—托合成”模式，这种模式除产生大量的二氧化碳以外，还消耗大量的水，且产物选择性差，后续处理消耗大量的能量。而新模式从原理上创立了一条低耗水和低耗能的煤转化新途径，被国内外同行誉为“里程碑式的重大突破”，为煤化工发展提供了全新思路，具有广阔的应用前景和重大的经济、社会效益。

成就名称：利用超强超短激光成功获得“反物质”

时　　间：2016 年

成就简介：

中科院上海光学精密机械研究所强场激光物理国家重点实验室利用超强超短激光，成功产生反物质——超快正电子源，这一发现将在材料的无损探测、激光驱动正负电子对撞机、癌症诊断等领域具有重大应用价值。该研究成果 2016 年 3 月 7 日发表于《等离子体物理》。

获得反物质——超快正电子源将对激光驱动正负电子对撞机等具有重要意义。未来，在高能物理、材料无损探测、癌症诊断领域有应用前景，由于其脉宽只有飞秒量级，可使探测的时间分辨大大提高，研究物质性质的超快演化。

成就名称：首次揭示水的核量子效应

时　　间：2016年

成就简介：

中科院院士、北京大学教授王恩哥和北京大学教授江颖领导的课题组在国际上首次揭示了水的核量子效应，从全新的角度诠释了水的奥秘。相关研究成果于2016年4月15日刊发在《科学》上。

江颖课题组和王恩哥课题组基于扫描隧道显微镜研发了一套针尖增强的非弹性电子隧穿谱技术，在国际上首次获得了单个水分子的高分辨振动谱，并由此测得单个氢键的强度。通过可控的同位素替换实验，并结合全量子化计算模拟，他们发现氢键的量子成分可远大于室温下的热能，表明氢核的量子效应不只是对经典相互作用的简单修正，其足以对水的结构和性质产生显著的影响。进一步深入分析表明，氢核的非简谐零点运动会弱化弱氢键，强化强氢键，这个物理图像对于各种氢键体系具有相当的普适性，澄清了学术界长期争论的氢键的量子本质，为理解水的微观结构和反常物性提供了全新的思路。

成就名称：我国造出世界最大起重船——“振华 30 号”

时　　间：2016 年 5 月 13 日

成就简介：

起重船，又称浮吊、浮式起重机，是一种用于水上起重作业的工程船舶，广泛应用于海上大件吊装、海上救助打捞、桥梁工程建设和港口码头施工等多个领域。

2016 年 5 月 13 日，振华重工自主建造的世界最大起重船“振华 30 号”在上海长兴岛基地交付。“振华 30 号”总船体重约 14 万吨，起重量达到了 12000 吨。能配合其他支援船只在不同海域进行物资起重，军舰改造、打捞、维修等工作，因此被人称为“军舰之母”。该船的成功交付进一步巩固了振华重工在巨型起重船领域的地位，为我国打捞救助事业向深海延伸提供了装备支撑。

成就名称：率先破解光合作用超分子结构之谜

时　　间：2016 年 5 月 22 日

成就简介：

经过多年努力，中科院生物物理所柳振峰研究组、章新政研究组和常文瑞、李梅研究组通力合作、联合攻关，通过单颗粒冷冻电镜技术，首次解析了高等植物（菠菜）的光系统 II—捕光复合物 II（LHC-Ⅱ）超级膜蛋白复合体的三维结构。科学家介绍，光系统 II 具有独特而神奇的裂解水分子和放出氧气的功能，因此被认为是人工模拟光合作用的理想模板，可为实现光能向清洁能源氢气转换提供具有启示性的方案。

成就名称：我国科学家领衔绘制全新人类脑图谱

时　　间：2016年6月21日

成就简介：

中科院自动化所脑网络组研究中心蒋田仔团队联合国内外其他团队，经过6年的努力，成功绘制出这张全新的人类脑图谱，即脑网络组图谱。脑网络组图谱不仅包含了精细的大脑皮层脑区与皮层下核团亚区结构，而且在体定量描绘了不同脑区亚区的解剖与功能连接模式，并对每个亚区进行了细致的功能描述。它能够提供每个亚区的结构和功能连接模式，从而明确每个亚区的组织模式及功能意义，这为宏观尺度上研究脑与行为的关系提供了不可或缺的工具，并对未来类脑智能系统的设计提供了重要的启示。此外，脑网络组图谱能够提供的个体化的精细脑区亚区以及定量的连接模式，不仅为神经及精神疾病的新型治疗技术提供准确的定位，还将为脑中风损伤区域及癫痫病灶的定位、神经外科手术中脑胶质瘤的精确切除等做出贡献。

成就名称：长征七号运载火箭成功发射

时　　间：2016年6月25日

成就简介：

2016年6月25日，我国载人航天工程为发射货运飞船而全新研制的长征七号运载火箭，在海南文昌航天发射场点火升空，长征七号运载火箭首次发射圆满成功。

长征七号运载火箭为两级结构，捆绑四枚助推器，全长53.1米，起飞质量597吨，近地轨道运载能力13.5吨，采用了液氧煤油发动机等新技术，是绿色、无毒、无污染的新一代中型运载火箭，将有效提升我国进出空间的能力。

长征七号运载火箭首飞，是载人航天工程空间实验室飞行任务的开局之战，实现了“成功首飞”的预定目标，为后续任务打下了坚实基础。

成就名称：我国成功发射世界首颗量子科学实验卫星“墨子号”

时　　间：2016年8月16日

成就简介：

2016年8月16日，我国发射世界首颗量子科学实验卫星——“墨子号”，它将在太空向地面发送不可破解的密码以建立最安全保密的量子通信，并将对微观量子世界最离奇诡异的现象开展科学实验研究。

“墨子号”的成功发射，将使我国在世界上首次实现卫星和地面之间的量子通信，构建天地一体化的量子保密通信与科学实验体系。

成就名称：FAST—500 米口径球面射电望远镜建成

时　　间：2016 年 9 月 25 日

成就简介：

500 米口径球面射电望远镜（Five hundred mete Aperture Spherical Radio Telescope，简称 FAST）是国家科教领导小组审议确定的国家九大科技基础设施之一，拟采用我国科学家独创的设计和我国贵州南部的喀斯特洼地的独特地形条件，建设一个约 30 个足球场大的高灵敏度的巨型射电望远镜。2016 年 9 月 25 日，500 米口径球面射电望远镜落成启用。2017 年 10 月 10 日 FAST 发现 6 颗脉冲星；12 月又新发现 3 颗脉冲星，共已经发现 9 颗脉冲星。2020 年 1 月 11 日，通过国家验收正式开放运行。

具有中国独立自主知识产权的 FAST，是世界上目前口径最大、最精密的单天线射电望远镜，其设计综合体现了我国高技术创新能力。它将在基础研究众多领域，例如宇宙大尺度物理学、物质深层次结构和规律等方向提供发现和突破的机遇，也将在日地环境研究、国防建设和国家安全等方面发挥不可替代的作用。其建设将推动众多高科技领域的发展，提高原始创新能力、集成创新能力和引进消化吸收再创新能力。它的建设与运行将促进西部经济的繁荣和社会进步，符合国家区域发展总体战略。

成就名称：新型高性能路由器系统研制成功

时　　间：2016 年 10 月 17 日

成就简介：

“十二五”863 计划信息技术领域“新型高性能路由器系统”课题由华为技术有限公司承担，北京邮电大学、暨南大学、清华大学深圳研究生院、工业与信息化部电信传输研究所参与。

该系统采用华为公司自主研发的关键芯片（交换网芯片、TM 芯片、NP 芯片）搭建，系统支持 100G 端口线速，支持单槽位 1T 线卡，支持交换容量单框 16T，整机功耗小于 1.4W/Gbit，为业界最佳，有效地达成了高扩展性和绿色节能的目标。

该系统聚焦下一代互联网络核心需求，瞄准其中的关键技术，对保障通信网络安全和国家安全，引导相关产业发展，增强我国通信设备制造企业的技术研究能力和产品核心竞争力都具有极其重要的意义。高性能、大容量、低功耗的新型路由器系统的成功研制，标志着我国在核心路由器领域已经攀上业界的高峰，是我国互联网产业的重要里程碑。

成就名称：华为麒麟960芯片发布

时　　间：2016年10月19日

成就简介：

麒麟960以打造更加快速、流畅、安全的安卓体验为目标，在性能、续航、游戏、拍照、通信、安全等方面为用户带来更好的体验。麒麟960将CPU、GPU、Memory等全新升级到A73、MaliG71、UFS2.1，不断提升用户“快”的体验，同时续航更持久、读写性能成倍提升，有效保证了用户快速流畅的应用体验。针对当下热门的VR技术，麒麟960支持高性能的VR解决方案，可提供高达2K@90fps分辨率、MTP时延小于18毫秒的出色性能，支持各种类型的VR产品形态，该芯片在性能（爆发力）、续航（耐力）、拍照（视力）、音频（听力）、通信（沟通力）、安全可信（保护力）等六个方面均有新的突破。

成就名称：长征五号首飞成功

时　　间：2016年11月3日

成就简介：

2016年11月3日，中国最大推力新一代运载火箭长征五号从中国文昌航天发射场成功升空。

长征五号运载火箭采用5米直径芯级，捆绑4枚3.35米直径助推器，全长约57米，起飞重量约870吨；具备近地轨道25吨级、地球同步转移轨道14吨级的运载能力，比现役火箭地球同步转移轨道运载能力提高了2.5倍以上；首次采用芯一级2台50吨级氢氧发动机与4枚助推器各2台120吨级液氧煤油发动机的组合起飞方案，10台发动机同时点火，起飞推力达1060吨，代表了中国运载火箭科技创新的最高水平。

长征五号的首飞成功，标志着我国已经跨入世界大吨位火箭发射行列，推动航天发射综合能力实现了历史性跨越，是我国由航天大国向航天强国迈进的重要标志。它也是实现未来探月工程三期、载人空间站、首次火星探测任务等国家重大科技专项和重大工程的重要基础和前提保障。

成就名称：神舟十一号飞船返回舱成功着陆

时　　间：2016 年 11 月 18 日

成就简介：

神舟十一号载人飞船于 2016 年 10 月 17 日 7 时 30 分发射升空，进入预定轨道，随后与天宫二号对接形成组合体，两名航天员景海鹏、陈冬进驻天宫二号，进行了为期 30 天的驻留。在执飞期间，完成了一系列空间科学实验和技术试验。2016 年 11 月 18 日 13 时 59 分，神舟十一号飞船返回舱在内蒙古中部预定区域成功着陆，执行飞行任务的航天员身体状况良好，天宫二号与神舟十一号载人飞行任务取得圆满成功。

这是我国组织实施的第 6 次载人航天飞行，也是改进型神舟载人飞船和改进型长征二号 F 运载火箭组成的载人天地往返运输系统第二次应用性飞行。天宫二号与神舟十一号载人飞行任务圆满成功，标志着我国载人航天工程实验室阶段任务取得具有决定性意义的重要成果，实现中国载人航天工程三步走中从第二步到第三步的过程，为后续空间站建造运营和航天员长期驻留奠定了坚实的基础。

成就名称：全球首个全氮阴离子盐在中国合成

时　　间：2017 年 1 月 27 日

成就简介：

全氮阴离子盐是由南京理工大学化工学院胡炳成教授团队合成的一种新型超高能含能材料。他们采用间氯过氧苯甲酸和甘氨酸亚铁分别作为切断试剂和助剂，通过氧化断裂的方式首次制备成功室温下稳定的全氮阴离子盐。这种盐分解温度高达 116.8℃，具有非常好的热稳定性。全氮阴离子盐的成功合成，不仅为全氮阴离子高能化合物的制备奠定了坚实基础，更有助于我国核心军事能力的提升。

成就名称：利用量子相变确定性制备出多粒子纠缠态

时　　间：2017 年 2 月

成就简介：

清华大学物理系尤力和郑盟锟研究组，通过调控铷－87原子玻色－爱因斯坦凝聚体中的自旋混合过程，使其连续发生两次量子相变，实现了包含约 11000 个原子的双数态的确定性制备。通过直接观测该纠缠态，他们表征其不同内态间原子数的差值的涨落低于经典极限 10.7 ± 0.6 分贝，其集体自旋的归一化长度为近似完美的 0.99 ± 0.01。这两个指标反映该多体纠缠态可以提供超越标准量子极限约 6 分贝的相位测量灵敏度，以及至少 910 个的纠缠原子数，创造了目前能确定性制备的量子纠缠粒子数目的世界纪录。

利用量子相变确定性制备多体纠缠态是一种崭新的尝试。这一全新的理解和纠缠态制备方法为未来其他多粒子纠缠态的制备提供了一种思路。另外，双数态的确定性制备为超越标准量子极限的测量科学与技术的实用化发展，比如实现海森堡极限精度的原子钟和原子干涉仪等提供了一种可能。

成就名称：中国发现新型古人类化石——许昌人

时　　间：2017 年 3 月 3 日

成就简介：

长期以来，古人类学界对在中国境内发现的中更新世晚期至晚更新世早期过渡阶段古人类成员的演化地位一直存在争议。争论的焦点是：他们是由本地的古人类连续进化而来，还是外来人群的成功入侵者？最近在河南灵井遗址发现的两件距今 10.5 万—12.5 万年前的古人类——许昌人的头骨化石，为探讨这一阶段中国古人类的演化模式提供了重要信息。研究显示，许昌人颅骨既具有东亚古人类低矮的脑穹隆、扁平的颅中矢状面、最大颅宽的位置靠下的古老特征，同时又兼具欧亚大陆西部尼安德特人一样的枕骨（枕圆枕上凹 / 项部形态）和内耳迷路（半规管）形态，呈现出演化上的区域连续性和区域间种群交流的动态变化。此外，许昌人超大的脑量（1800cc）和纤细化的脑颅结构，又体现出中更新世人类生物学特征演化的一般趋势。目前还无法将其归入任何已知的古人类成员之中，许昌人可能代表一种新型的古老型人类。这项研究填补了古老型人类向早期现代人过渡阶段中国古人类演化上的空白，表明晚更新世早期中国境内可能并存有多种古人类成员，不同群体之间有杂交或者基因交流。许昌人化石为中国古人类演化的地区连续性以及与欧洲古人类之间的交流提供了一定程度的支持。

成就名称：国产水下滑翔机“海翼号”刷新世界纪录

时　　间：2017年3月9日

成就简介：

我国自主研发的“海翼号”水下滑翔机于2017年3月在马里亚纳海沟挑战者深渊，完成大深度下潜观测任务并安全回收，其最大下潜深度达到6329米，刷新了水下滑翔机最大下潜深度6000米的世界纪录。

“海翼号”水下滑翔机是根据中科院B类战略先导专项的部署，由中科院沈阳自动化所研制的、具有完全自主知识产权的新型水下观测平台。从原理样机的研发到深渊观测任务的圆满完成经历了13个年头，包含浅海、深海、深渊等不同型号的水下滑翔机20余台。此次“海翼号”在马里亚纳海沟共完成了12次下潜工作，总航程超过134.6公里，收集了大量高分辨率的深渊区域水体信息，为海洋科学家研究该区域的水文特性提供了宝贵资料。

成就名称：酵母长染色体的精准定制合成

时　　间：2017年3月10日

成就简介：

基因组设计合成是对基因组进行全新设计和从头构建，能够按需塑造生命，开启从非生命物质向生命物质转化的大门，推动生命科学研究由理解生命向创造生命延伸。然而，基因组合成面临长染色体难以精准合成、合成染色体导致细胞失活等难题。天津大学元英进、清华大学戴俊彪、深圳华大基因杨焕明等团队与合作者利用多级模块化和标准化人工基因组合成方法，基于一步法大片段组装技术和并行式染色体合成策略，实现了由小分子核苷酸到活体真核长染色体的定制合成，建立了基于多靶点片段共转化的基因组精确修复技术和DNA大片段重复的修复技术，成功设计构建了4条酿酒酵母长染色体，实现了真核长染色体合成序列与设计序列的完全匹配；原创性地建立了基因组缺陷靶点快速定位方法，通过缺陷靶点的定位与排除，解决了合成基因组导致细胞失活的难题。在此基础上，构建了人工环形染色体，为当前无法治疗的染色体成环疾病发生机理和潜在治疗手段建立了研究模型。该研究为深化理解生命进化、基因组与功能关系等基础科学问题提供了新的思路。

成就名称：研发出基于共格纳米析出强化的新一代超高强钢

时　　间：2017年

成就简介：

超高强钢在航空航天、交通运输、先进核能以及国防装备等国民经济重要领域发挥支撑作用，而且也是未来轻型化结构设计和安全防护的关键材料。然而几十年来高性能超高强钢的研究始终基于传统的半共格析出产生强共格畸变的学术思路，存在着析出相数量有限，析出尺寸不够合理且分布不均匀的固有缺陷，这既降低了材料的塑韧性，又严重影响了服役的安全性。此外，昂贵的制备成本也限制了其实际应用，成为困扰高端钢铁工业发展的难题。北京科技大学吕昭平研究组针对低成本高性能的目标，创新性地提出利用高密度共格纳米析出相来强韧化超高强合金的设计思想，采用轻质且便宜的铝元素替代马氏体时效钢中昂贵的钴和钛等元素，大幅降低成本的同时通过简单的热处理促进极高密度、全共格纳米相析出，研发出共格纳米析出强化的新一代超高强钢。他们通过调控晶格错配度使得析出相在产生极低共格畸变的同时又具有高的有序抗力，这极大增强了合金的强度但不牺牲其延展性能。相关研究进展发表在2017年4月27日的杂志《自然·材料》上。

成就名称：世界首台光量子计算机在中国诞生

时　　间：2017 年 5 月 3 日

成就简介：

2017 年 5 月 3 日，世界上第一台超越早期经典计算机的光量子计算机在中国诞生。该研究团队利用自主发展的综合性能国际最优的量子点单光子源，通过电控可编程的光量子线路，构建了针对多光子“玻色取样”任务的光量子计算原型机。实验测试表明，该原型机的取样速度比国际同行类似的实验加快至少 24000 倍；通过和经典算法比较，也比人类历史上第一台电子管计算机和第一台晶体管计算机运行速度快 10 倍至 100 倍。这台光量子计算机标志着我国在基于光子的量子计算机研究方面取得突破性进展，为最终实现超越经典计算能力的量子计算奠定了坚实基础。

成就名称：我国首次海域天然气水合物试采成功

时　　间：2017年5月18日

成就简介：

2017年5月18日，我国首次实现海域可燃冰试采成功，天然气水合物试采在南海神狐海域连续产气近8天，平均日产超过1.6万立方米，超额完成“日产万方、持续一周”的预定目标，实现了我国天然气水合物开发的历史性突破。

这是我国首次、也是世界首次对资源量占比90%以上、开发难度最大的泥质粉砂型天然气水合物实现安全可控开采，取得了天然气水合物试采持续产气时间最长、产气总量最大、气流稳定、环境安全等多项重大突破性成果，创造了产气时长和总量的世界纪录，取得了理论、技术、工程和装备的完全自主创新，形成相对系统的工艺技术体系，实现了在这一领域由“跟跑”到“领跑”的历史性跨越，是中国人民勇攀世界科技高峰的又一标志性成就，对推动能源生产和消费革命具有重要而深远的影响。

成就名称：国际首台 25MeV 连续波超导质子直线加速器通过达标测试

时　　间：2017 年 6 月

成就简介：

2017 年 6 月 5 日至 6 日，中国科学院重大科技任务局组织测试专家组对中国科学院近代物理研究所和高能物理研究所联合研制的 ADS 先导专项 25MeV 超导质子直线加速器进行了现场测试。

经测试，ADS 超导质子直线加速器达到了 ADS 先导专项中束流能量 25MeV 的既定指标要求，脉冲流强超过了设计值 10mA。此次测试达标，在国际上第一次实现了能量 25MeV 的超导质子直线加速器连续波束流，为后续近代物理所承担的国家重大科学基础设施——加速器驱动嬗变研究装置（CiADS）的建设打下了坚实基础。

本次测试结果，是继基于半波长谐振型超导腔（HWR）和轮辐型超导腔（Spoke）两种技术路线的注入器先后实现达标测试后的又一个里程碑，也标志着我国强流超导直线加速器继续保持着连续波超导质子直线加速器的国际领先水平。这台超导质子直线加速器也将作为国际样机，成为开展强流、高功率超导直线加速器合作研究的国际平台。

成就名称：我国首颗X射线空间天文卫星“慧眼”发射成功

时　　间：2017年6月15日

成就简介：

“慧眼”全称硬X射线调制望远镜卫星（HXMT），是中国首颗X射线空间天文卫星。“慧眼”主要工作模式包括巡天观测、定点观测和小天区扫描模式。

卫星设计寿命4年，呈立方体构型，总质量约为2500kg，装载高能、中能、低能X射线望远镜和空间环境监测器等4个探测有效载荷，可观测1—250keV能量范围的X射线和200keV—3MeV能量范围的伽马射线。卫星的成功发射和正常运行，将使我国在X射线空间观测方面具有国际先进的暗弱变源巡天能力、独特的多波段快速光观测能力等，显著提升大型科学卫星研制水平，填补我国空间X射线探测卫星的空白，实现我国在空间高能天体物理领域由地面观测向天地联合观测的跨越。

成就名称：实现氢气的低温制备和存储

时　　间：2017年

成就简介：

氢能被誉为下一代二次清洁能源，但氢气的高效制备以及安全存储和运输一直以来是阻碍氢能源大规模应用的瓶颈。

北京大学化学与分子工程学院马丁研究员与中国科学院山西煤炭化学研究所温晓东，以及大连理工大学石川等合作研发的制氢方法，其优越的制氢能力远大于以前报道的低温甲醇重整催化剂。该研究团队在水煤气变换产氢过程中也突破了低温条件下高反应转化率与高反应速率不能兼得的难题。上述研究进展被多家科学媒体报道并高度评价，美国化学会*C&ENews*杂志和英国皇家化学会*Chemistry World*杂志分别以“氢能源：制备氢燃料新过程”和“新型催化剂点亮氢能汽车未来”为题进行了亮点报道，认为“随着此高活性催化体系的成功，把氢气存储于甲醇并在需要时重整释放的概念可能得到实际应用，这是氢能储存和输运体系的一个重大突破”。

成就名称：我国“人造太阳”装置创造世界新纪录

时　　间：2017 年 7 月 5 日

成就简介：

国家大科学装置——全超导托卡马克核聚变实验装置东方超环（EAST）实现了稳定的 101.2 秒稳态长脉冲高约束等离子体运行，创造了新的世界纪录。这一重要突破标志着我国磁约束聚变研究在稳态运行的物理和工程方面将继续引领国际前沿。

东方超环是世界上第一个实现稳态高约束模式运行持续时间达到百秒量级的托卡马克核聚变实验装置，对国际热核聚变试验堆（ITER）计划具有重大科学意义。由于核聚变的反应原理与太阳类似，因此，东方超环也被称作“人造太阳”。

这次实验的突破进一步提升了 EAST 在国际磁约束聚变实验研究中的地位，该成果将为未来 ITER 长脉冲高约束运行提供重要的科学和实验支持，也为我国下一代聚变装置——中国聚变工程实验堆的预研、建设、运行和人才培养奠定了基础。

成就名称：研制出可实现自由状态脑成像的微型显微成像系统

时　　间：2017 年

成就简介：

北京大学膜生物学国家重点实验室程和平及陈良怡研究组与信息科学技术学院张云峰和王爱民等合作，运用微集成、微光学、超快光纤激光和半导体光电子学等技术，在高时空分辨在体成像系统研制方面取得突破性技术革新，成功研制出 2.2 克微型化佩戴式双光子荧光显微镜，在国际上首次记录了悬尾、跳台、社交等自然行为条件下，小鼠大脑神经元和神经突触活动的高速高分辨图像。此项突破性技术将开拓新的研究范式，在动物自然行为条件下，实现对神经突触、神经元、神经网络、多脑区等多尺度、多层次动态信息处理的长时程观察，这样不仅可以“看得见”大脑学习、记忆、决策、思维的过程，还将为可视化研究自闭症、阿尔茨海默症、癫痫等脑疾病的神经机制发挥重要作用。相关研究进展发表在 2017 年 7 月《自然 · 方法学》杂志上。

成就名称：中科院推出高产水稻新种质

时　　间：2017年10月16日

成就简介：

由中科院亚热带农业生态研究所夏新界研究员领衔的水稻育种团队，历经十余年研究，培育出超高产优质“巨型稻”：株高可达2.2米，亩产可达800千克以上，具有高产、抗倒伏、抗病虫害、耐淹涝等特点。

这种“巨型稻”光合效率高，单位面积生物量比现有水稻品种高出50%，平均有效分蘖40个，单穗最高实粒数达500多粒，单季产量可超过800千克/亩。它是运用突变体诱导、野生稻远缘杂交、分子标记定向选育等一系列育种新技术，获得的水稻新种质材料。

成就名称：基于体细胞核移植技术成功克隆出猕猴

时　　间：2018 年 2 月

成就简介：

中国科学院神经科学研究所孙强和刘真研究团队经过 5 年攻关，利用体细胞克隆技术，最终成功得到了两只健康存活的体细胞克隆猴，该技术被认为是构建非人灵长类基因修饰动物模型的最佳方法。经研究发现，联合使用组蛋白 H3K9me3 去甲基酶 Kdm4d 和 TSA，可以去除甲基化修饰蛋白，显著提升克隆胚胎的体外囊胚发育率及移植后受体的怀孕率。在此基础上，他们用胎猴成纤维细胞作为供体细胞进行核移植，并将克隆胚胎移植到代孕受体后，成功得到两只健康存活克隆猴。

体细胞克隆猴的成功证明了利用体细胞核生殖克隆猕猴的可行性，打破了技术壁垒并开创了使用非人灵长类动物作为实验模型的新时代，将为非人灵长类基因编辑操作提供更为便利和精准的技术手段，为研究人类免疫系统、癌症、脑部疾病等提供了真实可靠的模型，进而推动灵长类生殖发育、生物医学以及脑认知科学和脑疾病机理等研究的快速发展。

成就名称：揭示氯胺酮快速抗抑郁的分子机制

时　　间：2018 年 2 月

成就简介：

2018 年，浙江大学医学院胡海岚研究组发现，大脑中反奖赏中心——外侧缰核中的神经元活动是抑郁情绪的来源。这一区域的神经元细胞通过其特殊的高频密集的“簇状放电”，抑制大脑中产生愉悦感的“奖赏中心”的活动。针对抑郁的分子机制，该研究组发现这种簇状放电方式是由 NMDAR 型谷氨酸受体介导的，作为 NMDAR 的阻断剂，氯胺酮的药理作用机制正是通过抑制缰核神经元的簇状放电，高速高效地解除其对下游“奖赏中心”的抑制，从而达到在极短时间内改善情绪的功效。同时，该研究组对产生簇状放电的细胞及分子机制做出了更深入的阐释。通过高通量的定量蛋白质谱技术，他们发现抑郁的形成伴随着胶质细胞中钾离子通道 Kir4.1 的过量表达。上述研究对于抑郁症这一重大疾病的机制做出了系统性的阐释，颠覆了以往抑郁症核心机制上流行的“单胺假说”，并为研发氯胺酮的替代品、避免其成瘾等副作用提供了新的科学依据。同时，该研究所鉴定出的 NMDAR、Kir4.1 钾通道、T-VSCC 钙通道等可作为快速抗抑郁的分子靶点，为研发更多、更好的抗抑郁药物或干预技术提供了崭新的思路，对最终战胜抑郁症具有重大意义。

成就名称：研制出用于肿瘤治疗的智能型 DNA 纳米机器人

时　　间：2018 年 2 月

成就简介：

利用纳米医学机器人实现对人类重大疾病的精准诊断和治疗是科学家们追逐的一个伟大的梦想。国家纳米科学中心聂广军、丁宝全和赵宇亮研究组与美国亚利桑那州立大学颜灏研究组等合作，在活体内可定点输运药物的纳米机器人研究方面取得突破，实现了纳米机器人在活体（小鼠和猪）血管内稳定工作并高效完成定点药物输运功能。这种创新方法的治疗效果在乳腺癌、黑色素瘤、卵巢癌及原发肺癌等多种肿瘤中都得到了验证。并且小鼠和 Bama 小型猪实验显示，这种纳米机器人具有良好的安全性和免疫惰性。

DNA 纳米机器人代表了未来人类精准药物设计的全新模式，为恶性肿瘤等疾病的治疗提供了全新的智能化策略。

成就名称：我国创建出世界首例人造单染色体真核细胞

时　　间：2018 年 8 月

成就简介：

中国科学院研究团队与国内多家单位合作，在国际上首次人工，创建了单条染色体的真核细胞，在合成生物学领域取得具有里程碑意义的重大突破。他们以单细胞真核生物酿酒酵母（天然含有 16 条线型染色体）为研究材料，通过 15 轮的染色体融合，最终成功创建了只有一条线型染色体的酿酒酵母菌株 SY14，这也是国际首例人造单染色体真核细胞。

该研究成果不仅颠覆了染色体三维结构决定基因时空表达的传统观念，还建立了原核生物与真核生物之间基因组进化的桥梁，为人类对生命本质的研究开辟了新方向。

成就名称：创建出可探测细胞内结构相互作用的纳米和毫秒尺度成像技术

时　　间：2018 年 10 月 25 日

成就简介：

真核细胞内，细胞器和细胞骨架进行着高度动态而又有组织的相互作用以协调复杂的细胞功能。观测这些相互作用，需要对细胞内环境进行非侵入式、长时程、高时空分辨、低背景噪声的成像。为了实现这些正常情况下相互对立的目标，中国科学院生物物理研究所李栋研究组与美国霍华德休斯医学研究所的科学家们合作，发展了掠入射结构光照明显微镜（GI-SIM）技术，该技术能够以 97 纳米分辨率、每秒 266 帧对细胞基底膜附近的动态事件连续成像数千幅。研究人员利用多色 GI-SIM 技术揭示了细胞器–细胞器、细胞器–细胞骨架之间的多种新型相互作用，深化了对这些结构复杂行为的理解。

这项成果发展了一项可视化活细胞内的细胞器与细胞骨架动态相互作用和运动的新技术，将会把细胞生物学带入一个新时代，有助于更好地理解活细胞条件下的分子事件，也提供了一个从机制上洞察关键生物过程的窗口，可对生命科学整个学科产生重大影响。

成就名称：调控植物生长–代谢平衡实现可持续农业发展

时　　间：2018年

成就简介：

通过增加无机氮肥施用量来提高作物的生产力，虽能保障全球粮食安全，但也加剧了对生态环境的破坏，因此提高作物氮肥利用效率至关重要。这需要对植物生长发育、氮吸收利用以及光合碳固定等协同调控机制有更深入的了解。

中国科学院遗传与发育生物学研究所傅向东研究组与合作者的研究显示，水稻生长调节因子GRF4和生长抑制因子DELLA相互之间的反向平衡调节赋予了植物生长与碳—氮代谢之间的稳态共调节。GRF4促进并整合了植物氮素代谢、光合作用以及生长发育，而DELLA抑制了这些过程。作为“绿色革命”品种典型特征的DELLA蛋白高水平累积使其获得了半矮化优良农艺性状，但是伴随着氮肥利用效率降低。通过将GRF4–DELLA平衡向GRF4丰度的增加倾斜，可以在维持半矮化优良性状的同时提高“绿色革命”品种的氮肥利用效率并增加谷物产量。因此，通过调控植物生长和代谢的协同调节是未来可持续农业和粮食安全的一种新的育种策略，也是一场新的“绿色革命”。

成就名称：嫦娥四号实现人类探测器首次月背软着陆

时　　间：2019年1月3日

成就简介：

2019年1月3日，中国嫦娥四号探测器成功在月球背面软着陆，着陆地点位于月球东经177.6度、南纬45.5度附近，并通过“鹊桥”中继星传回了世界第一张近距离拍摄的月背影像图，揭开了古老月背的神秘面纱。从2018年12月8日发射升空，到2019年1月3日顺利到达，嫦娥四号走完了约40万公里的地月之路。着陆后，嫦娥静态着陆器和月球车分别被部署到月球表面，两者都携带了一系列探测仪器，对该地区的地质特征进行探测和生物实验。嫦娥四号首次实现了人类探测器在月球背面软着陆和巡视勘察，首次实现了月球背面与地面站通过中继卫星通信，并对月球背面的表面、浅深层、深层开展了研究，实现了在月球背面进行低频射电天文观测等，同时可以填补射电天文领域在低频观测段的空白。嫦娥四号将我国航天器制导、导航与控制技术提升到了新的高度。

成就名称：我国科学家成功克隆出杂交稻种子

时　　间：2019 年 1 月

成就简介：

中国水稻研究所水稻生物学国家重点实验室王克剑团队，利用基因编辑技术建立了水稻无融合生殖体系，成功克隆出杂交稻种子，首次实现杂交稻性状稳定遗传到下一代。

我国杂交水稻年种植面积超过 2.4 亿亩，占水稻总种植面积的 57%，产量约占水稻总产量的 65%；杂交水稻每年增产约 250 万吨，可多养活 7000 万人口。“杂交水稻之父”、中国工程院院士袁隆平评价，“这项工作证明了杂交稻进行无融合生殖的可行性，是无融合生殖研究领域的重大突破”。值得一提的是，杂交水稻不仅解决了中国人的吃饭问题，而且造福全世界。

成就名称：长征十一号海上发射成功

时　　间：2019 年 6 月 5 日

成就简介：

2019 年 6 月 5 日，长征十一号海射型固体运载火箭在我国黄海海域实施发射，将捕风一号 A、B 星等 7 颗卫星送入约 600 公里高度的圆轨道，宣告我国运载火箭首次海上发射技术试验圆满成功。海上发射技术试验系统由运载火箭系统、海上发射平台、测控通信系统和卫星系统 4 部分组成，可实现离港后一周内完成发射。本次飞行试验在国内首次采用“航天 + 海工”技术融合，突破海上发射稳定性、安全性、可靠性等关键技术，全面验证了海上发射试验流程，为我国快速进入空间提供了新的发射模式。

成就名称：中国正式进入 5G 商用元年

时　　间：2019 年 6 月 6 日

成就简介：

第五代移动通信技术（5th Generation Mobile Communication Technology，简称 5G）是具有高速率、低时延和大连接特点的新一代宽带移动通信技术，是实现人机物互联的网络基础设施。2019 年 6 月 6 日，工信部正式向中国电信、中国移动、中国联通、中国广电发放 5G 商用牌照，中国正式进入 5G 商用元年，标志着中国正式进入 5G 时代。

通过 5G 网络建设不仅能够带动我国制造业、服务业上下游发展，促进产业链性能进一步提升，还将带动实体经济转型升级，推动整个经济快速发展。

成就名称：民营运载火箭首次成功入轨

时　　间：2019 年 7 月 25 日

成就简介：

2019 年 7 月 25 日，北京星际荣耀空间科技有限公司的双曲线一号遥一（以下简称“SQX–1Y1”）运载火箭在中国酒泉卫星发射中心成功发射，按飞行时序将 2 颗卫星、3 个有效载荷精确送入预定的 300 公里高度圆轨道。其发射成功，实现了中国民营运载火箭成功入轨零的突破。目前，SQX–1Y1 运载火箭采用三固一液的四级串联构型，是目前我国民营航天起飞规模最大、运载能力最强的运载火箭。本次任务成功，表明该公司全面掌握了运载火箭总体及系统集成、固体及姿轨控动力、电气综合、导航制导与控制、测试发射、总装总测及核心单机等软硬件核心技术，具备了运载火箭系统工程全流程、全要素的研发与发射服务能力。

成就名称：开发出全球首款类脑芯片

时　　间：2019 年

成就简介：

清华大学开发出的全球首款异构融合类脑计算芯片登上了《自然》杂志的封面。该芯片结合了类脑计算和基于计算机科学的机器学习，这种融合技术有望提升各个系统的能力，促进人工通用智能的研究和发展。原则上，一个人工通用智能系统可以执行人类能够完成的绝大多数任务。

发展人工通用智能的方法主要有两种：一种是以神经科学为基础，尽量模拟人类大脑；另一种是以计算机科学为导向，让计算机运行机器学习算法。然而，由于两套系统使用的平台各不相同且互不兼容，极大地限制了人工通用智能的发展。新型芯片融合两条路线，被命名为“天机芯”。一辆由该芯片驱动的自动驾驶自行车可实现自平衡、动态感知、目标探测、跟踪、自动避障、过障、语音理解、自主决策等功能，展现了未来人工智能平台的潜力。

成就名称：首次解析非洲猪瘟病毒结构

时　　间：2019年

成就简介：

非洲猪瘟是由非洲猪瘟病毒引起的一种急性、热性、高度接触性动物传染病。猪感染后发病率和死亡率高达100%。非洲猪瘟病毒基因类型多，免疫逃逸机制复杂，可逃避宿主免疫细胞的清除，目前国内外均缺乏有效疫苗。2019年10月，《科学》杂志发表了中国学者解析非洲猪瘟病毒精细三维结构的论文。这是一种正二十面体的巨大病毒，由基因组、核心壳层、双层内膜、衣壳和外膜5层组成，病毒颗粒包含3万余个蛋白亚基，组装成直径约260纳米的球形颗粒。这是国际上首次解析非洲猪瘟病毒结构，为揭示非洲猪瘟病毒入侵宿主细胞以及逃避和对抗宿主抗病毒免疫的机制提供了重要线索，对国家经济安全意义重大。同时，为开发效果佳、安全性高的新型非洲猪瘟疫苗奠定了坚实基础，使之后的疫苗研发可以更有针对性。

成就名称：我国发现迄今质量最大的恒星级黑洞

时　　间：2019 年 11 月 28 日

成就简介：

中国天文学家依托我国自主研制的国家重大科技基础设施郭守敬望远镜（LAMOST），发现了一颗迄今质量最大的恒星级黑洞。这颗 70 倍太阳质量的黑洞远超理论预言的质量上限，颠覆了人们对恒星级黑洞形成的认知，有望推动恒星演化和黑洞形成理论的革新。

成就名称：我国科学家揭示全新 DNA 复制起始位点调控机制

时　　间：2019 年 12 月

成就简介：

中国科学院生物物理研究所李国红课题组和朱明昭课题组合作，发现含有组蛋白变体 H2A.Z 的核小体能够通过直接结合甲基化酶 SUV420H1，促进核小体上的 H4 组蛋白第 20 位赖氨酸发生二甲基化修饰（H4K20me2）。而带有 H4K20me2 修饰的 H2A.Z 核小体，能够招募复制前体复合物中的 ORC1（Origin Recognition protein1）蛋白，从而帮助染色质上复制起始位点的选择。进一步的研究发现，受 H2A.Z 调控的复制起始位点比其他的复制起始位点有更高的复制信号，并偏向在复制期早期被激活使用。该研究对理解真核生物 DNA 复制起始位点的选择提供了新的视角，同时也为未来探讨 DNA 复制起始的异常调控在肿瘤发生过程中的作用机制提供了新思路。

成就名称：首艘国产航空母舰“山东舰”正式入列

时　　间：2019 年 12 月 17 日

成就简介：

中国第一艘国产航空母舰山东号航空母舰（航号 17，简称“山东舰”）于 2019 年 12 月 17 日在海南军港正式交付。山东舰是中国自主设计、研发、建造的一艘航空母舰，型号为 002 型，是中国真正意义上的第一艘国产航空母舰。山东舰有三个足球场长，使用常规动力推进，将搭载歼−15B 战斗机以及其他型号舰载机。固定翼舰载机将采用滑跃起飞，可搭载 36 架歼−15 舰载机。

中国首次拥有自主设计的航母，实现了从改建到自建航母的历史性跨越。中国国产航母的入列创造了二战后亚洲国家拥有自主建造航母的“首次”。国产航母的入列令中国史无前例地拥有两个航母编队。除美国、英国之外，中国成为世界上第三个拥有双航母编队的国家。双航母编队的出现也使得中国两个航母基地首次同期启用。

成就名称：我国国产首艘万吨级驱逐舰南昌舰入列

时　　间：2020 年 1 月 12 日

成就简介：

2020 年 1 月 12 日上午，海军 055 型驱逐舰首舰南昌舰归建入列，舷号为 101。这是 2020 年中国海军入列的首艘舰艇，也是中国海军首艘万吨大型驱逐舰加入战斗序列。南昌舰先后突破了大型舰艇总体设计、信息集成、总装建造等一系列关键技术，装备有新型防空、反导、反舰、反潜武器，具有较强的信息感知、防空反导和对海打击能力。该舰的入列，标志着海军驱逐舰实现由第三代向第四代的跨越。

成就名称：我国科学家揭示灵长类卵巢衰老的分子机制

时　　间：2020 年 2 月 6 日

成就简介：

由中国科学院动物研究所、北京大学等多家机构组成的研究团队，在学术期刊《细胞》上在线发表封面文章称，利用高精度单细胞转录组测序技术，绘制了食蟹猴卵巢的单细胞衰老图谱，同时利用人类卵巢细胞研究体系，发现衰老伴随的抗氧化能力下降是灵长类卵巢衰老的主要特征之一，这为预警卵巢衰老及女性生殖力下降提供了新的生物学标志物。研究人员获取了年轻和年老食蟹猴的卵巢组织，分析发现其呈现出闭锁卵泡增加、健康卵泡减少，并且纤维化程度增加等衰老特征，提示年老灵长类卵巢出现结构和功能的退行性变化。进一步研究发现，衰老伴随着卵巢中多种类型细胞抗氧化基因表达水平的降低，进而导致 DNA 损伤和细胞凋亡。此项研究加深了人们对卵巢组织结构增龄性变化的认识，解析了衰老过程中不同卵巢细胞类型的易感性及易感分子，提供了灵长类卵巢衰老的潜在调控靶标信息，为预警卵巢衰老及女性生殖力下降提供了新的生物学标志物，也为制定延缓卵巢衰老及相关疾病的干预策略奠定了理论基础。

成就名称：单原子层沟道的鳍式场效应晶体管问世

时　　间：2020 年

成就简介：

中科院金属研究所沈阳材料科学国家研究中心与国内外多家单位合作，首次演示了可阵列化、垂直单原子层沟道的鳍式场效应晶体管，相关成果于 3 月 5 日在《自然·通讯》在线发表。

该项工作将 FinFET 的沟道材料宽度减小至单原子层极限的亚纳米尺度（0.6 纳米），同时，获得了最小间距为 50 纳米的单原子层沟道鳍阵列，该研究工作为后摩尔时代的场效应晶体管器件的发展提供了新方案。

成就名称：我国学者研究出一种综合性能强劲的“超级材料”

时　　间：2020 年 5 月

成就简介：

中国科学技术大学俞书宏院士团队研制的一种综合性能强劲的“超级材料”，密度仅为钢的六分之一，但强度、韧性超过传统陶瓷与合金，可承受零下 120℃到零上 150℃的极端温度，且“吸能”耐撞。在汽车、航空航天等领域具有应用前景，并有望替代工程塑料减少污染。

成就名称：我国首台无烟煤原料循环流化床气化装置成功投运

时　　间：2020年5月18日

成就简介：

我国首台以无烟煤为原料的循环流化床气化装置在贵州安顺宏盛化工成功投运，该装置采用了中国科学院工程热物理研究所循环流化床气化技术，运行效果优良、降本增效显著。无烟煤反应活性低，其转化利用一般采用固定床气化技术，生产自动化程度低，含酚废水排放和焦油污染问题严重。贵州安顺煤属低质无烟煤，灰分高、活性低，气化难度大。该装置实现了安顺无烟煤的高效清洁气化，充分验证了循环流化床气化技术极强的煤种适应性，每年可为企业节约运营成本6600余万元。该装置的顺利投运为合成氨企业摆脱关停困境、实现技术升级提供了经济适用的解决方案，有利于提升我国合成氨领域的环保水平。

成就名称：我国首次实现了1250对原子高保真度纠缠态的同步制备

时　　间：2020年6月

成就简介：

中国科学技术大学研究团队首次提出使用交错式晶格结构将处在绝缘态的冷原子浸泡到超流态冷原子中的新制冷机制，通过绝缘态和超流态之间高效率的原子和熵的交换，使系统中的热量主要以超流态低能激发的形式存储，再用精确的调控手段将超流态移除，从而获得低熵的完美填充晶格。该实验实现了这一制冷过程，制冷后使系统的熵降低了65倍，使得晶格中原子填充率大幅提高到99.9%以上。在此基础上，该团队开发了两原子比特高速纠缠门，获得了纠缠保真度为99.3%的1250对纠缠原子。为基于超冷原子光晶格的规模化量子计算与模拟打下了基础。

在此基础上，研究团队将通过连接多对纠缠原子的方法，制备几十到上百个原子比特的纠缠态，用以开展单向量子计算和复杂强关联多体系统量子模拟研究。同时，该工作中的新制冷技术将有助于对超冷费米子系统的深度冷却，使得系统达到模拟高温超导物理机制的苛刻温区。该研究成果将极大推动量子计算和模拟领域的发展。

成就名称：我国首次火星探测任务天问一号探测器成功发射

时　　间：2020年7月23日

成就简介：

2020年7月23日，在海南岛东北海岸中国文昌航天发射场，用长征五号遥四运载火箭将我国首次火星探测任务天问一号探测器发射升空，飞行2000多秒后，成功将探测器送入预定轨道，开启火星探测之旅，迈出了我国自主开展行星探测的第一步。

首次火星探测任务的工程目标，一是突破火星制动捕获、进入/下降/着陆、长期自主管理、远距离测控通信、火星表面巡视等关键技术，实现火星环绕探测和巡视探测，获取火星探测科学数据，实现我国在深空探测领域的技术跨越；二是建立独立自主的深空探测工程体系，包括设计、制造、试验、飞行任务实施、科学研究、工程管理以及人才队伍，推动我国深空探测活动可持续发展。

首次火星探测任务的科学目标，主要是实现对火星形貌与地质构造特征、火星表面土壤特征与水冰分布、火星表面物质组成、火星大气电离层及表面气候与环境特征、火星物理场与内部结构等的研究。

成就名称：大型水陆两栖飞机“鲲龙”AG600 海上首飞成功

时　　间：2020 年 7 月 26 日

成就简介：

2020 年 7 月 26 日，山东青岛团岛附近海域，由我国自主研制的大型灭火 / 水上救援水陆两栖飞机“鲲龙”AG600 成功实现海上首飞。

实现海上首飞，初步验证飞机适海性，探索海上试飞技术和试飞方法，为后续开展海上科研试飞，测试飞机海上抗浪性、操控特性、结构与系统的工作特性奠定了基础。

成就名称：北斗三号全球卫星导航系统全面建成并开通

时　　间：2020 年 7 月 31 日

成就简介：

2020 年 7 月 31 日，北斗三号全球卫星导航系统正式开通。

北斗三号全球卫星导航系统由 24 颗地球中圆轨道卫星（MEO）、3 颗倾斜地球同步轨道卫星（IGSO）和 3 颗地球静止轨道卫星（GEO）组成，共同构成了北斗三号星座大家族。

其中每种类型的卫星都有其独特功用，根据各自运行轨道特点和承载功能，既各司其职，又优势互补，共同为全球用户提供高质量的定位导航授时服务。

北斗三号全球卫星导航系统的建成开通，充分体现了我国社会主义制度集中力量办大事的政治优势，对提升我国综合国力，对推动疫情防控常态化条件下我国经济发展和民生改善，对推动当前国际经济形势下我国对外开放，对进一步增强民族自信心、努力实现“两个一百年”奋斗目标，具有十分重要的意义。

成就名称：科学家揭示肺腺癌分子全景

时　　间：2020 年 7 月

成就简介：

我国科学家首次从蛋白质水平系统描绘了肺腺癌的分子图谱，并发现了与病人预后密切相关的分子特征，特别是发现了中国人群肺腺癌两个主要基因突变人群的蛋白质分子特征。该成果已在国际学术刊物《细胞》正式发表。

全景绘制肺腺癌人群蛋白质分子图谱，对于肺腺癌病理机制的深入认识，疾病诊断生物标志物与药物治疗靶点的发现，以及实现更精准的肺腺癌分子分型和治疗方案的制定等具有重大科学意义。

成就名称：我国科学家揭示调节 T 细胞衰竭的关键激酶

时　　间：2020 年 9 月 17 日

成就简介：

造血祖细胞激酶 1（HPK1）是一种免疫抑制调节激酶，也是一种 T 细胞受体（TCR）的负调节因子，会破坏 TCR 信号复合体的稳定性。先前的研究表明，HPK1 激酶可以抑制多种细胞的免疫功能，而灭活其结构域足以引发抗肿瘤免疫反应效应。研究表明，HPK1 是极为重要的肿瘤免疫治疗候选靶点。

2020 年 8 月 28 日，清华大学廖学斌课题组与中山大学魏来课题组合作，揭示了 HPK1 介导 T 细胞功能障碍，并且是 T 细胞免疫疗法的药物靶标。遗传敲除、药理学抑制或 PROTAC 介导的 HPK1 降解在血液和实体瘤的各种临床前小鼠模型中提高了 CAR-T 细胞免疫疗法的功效。这些策略比在 CAR-T 细胞中遗传敲除 PD-1 更有效。

改善 T 细胞衰竭和增强效应子功能是增进免疫疗法的有效策略。因此，开发 HPK1 抑制剂或通过 PROTACs 降解 HPK1 可能是肿瘤免疫治疗研究的新前沿。

成就名称：国内首个电网退运电池储能站建成

时　　间：2020年9月

成就简介：

2020年9月29日，山东口镇综能储能电站在济南市莱芜区投运并网，这是山东省内首个并网运行的电化学储能电站，也是全国首个利用电网退运电池建成的储能电站。

储能电站的作用相当于城市“充电宝”，在用电低谷时充电，在用电高峰时放电，通过“削峰填谷”实现电力平衡。另外，储能电站还可以有效减少大规模风光发电对电网的影响，提高新能源发电利用效率。

成就名称：华龙一号全球首堆并网成功

时　　间：2020 年 11 月 27 日

成就简介：

2020 年 11 月 27 日，华龙一号全球首堆——中核集团福清核电 5 号机组首次并网成功。经现场确认，该机组各项技术指标均符合设计要求，机组状态良好，为后续机组投入商业运行奠定坚实基础，并创造了全球第三代核电首堆建设的最佳业绩。

华龙一号全球首堆并网成功标志着中国打破了国外核电技术垄断，正式进入核电技术先进国家行列，这对我国实现由核电大国向核电强国的跨越具有重要意义，同时也进一步增强了“一带一路”沿线国家对华龙一号的信心。

成就名称：天文学家发现超大双黑洞潮汐引力瓦解恒星事件

时　　间：2020 年 11 月

成就简介：

2020 年 11 月，安徽师范大学物理与电子信息学院舒新文教授研究小组在一个河外星系中发现了一对互相绕转的超大质量双黑洞吞噬恒星的罕见天文现象。这是天文学家迄今为止在正常星系中发现的第二例超大质量双黑洞绕转系统。该研究成果近日在线发表于国际科学期刊《自然·通讯》。

这是继我国学者北京大学刘富坤团队发现首例双黑洞吞噬恒星事件后，天文学家发现的第二例此类罕见天文现象，对揭示正常星系中休眠双黑洞的分布构建黑洞潮汐撕裂恒星的全景演化图像、检验现有的引力理论以及为下一代引力波探测器提供有效波源具有重要意义。

成就名称：“奋斗者号”全海深载人潜水器顺利完成万米深潜试验

时　　间：2020年11月

成就简介：

2020年11月，载有3名潜航员的“奋斗者号”从“探索一号”母船机库缓缓推出，被稳稳起吊布放入水，近4小时后，“奋斗者号”成功坐底，下潜深度达10909米，创造了中国载人深潜新纪录，达到世界领先水平。

“奋斗者号”研制及海试的成功，标志着我国具有了进入世界海洋最深处开展科学探索和研究的能力，体现了我国在海洋高技术领域的综合实力。

成就名称：九章量子计算机问世

时　　间：2020 年 12 月 4 日

成就简介：

2020 年 12 月 4 日，中国科学技术大学宣布该校潘建伟团队成功构建 76 个光子的量子计算原型机“九章”，求解数学算法高斯玻色取样只需 200 秒，而目前世界最快的超级计算机要用 6 亿年。这一突破使我国成为全球第二个实现“量子优越性”的国家。“九章”的问世，意义是多方面的。首先当然是在计算机、IT 和数学领域，如实现“量子计算优越性”(“量子霸权”)，在某个特定问题上的计算能力远超现有最强的传统计算机。此外，它还可以通过量子计算机建立量子通信网络和量子互联网等。其次，在实用性上，量子计算机有广阔的空间和范围，如密码破译、大数据优化、材料设计、药物研发等，都可以获得量子计算机的支持，从而解决重大的国计民生问题，并产生巨大的经济价值。

成就名称：嫦娥五号完成我国首次地外天体采样返回之旅

时　　间：2020年

成就简介：

2020年11月24日4时30分，我国成功发射探月工程嫦娥五号探测器，12月1日成功着陆在预选着陆区。完成月壤取样后，嫦娥五号上升器于12月3日从月面起飞，嫦娥五号返回器于12月17日1时59分在内蒙古四子王旗预定区域成功着陆，标志着我国首次地外天体采样返回任务圆满完成。随后，重达1731克的嫦娥五号样品移交中国科学院，将在位于国家天文台的“月球样品实验室”中存储、处理和分析，正式开启月球样品与科学数据的应用和研究。

嫦娥五号任务作为我国复杂度最高、技术跨度最大的航天系统工程，对于我国提升航天技术水平、完善探月工程体系、开展月球科学研究、组织后续月球及星际探测任务，具有承前启后、里程碑式的重要意义。

成就名称：长征八号运载火箭首飞试验成功

时　　间：2020 年 12 月 22 日

成就简介：

2020 年 12 月 22 日，我国新一代中型运载火箭长征八号在海南文昌航天发射场点火升空，以“一箭五星”的方式，成功将一颗主星和四颗小卫星送入预定轨道，发射任务取得圆满成功。自此，我国运载火箭家族又多了一名新成员。作为“长征系列”的新成员，长征八号运载火箭按照模块化、系列化、组合化的思路开展研制，充分吸收了在役和新一代运载火箭研制成果，具有良好的继承性、经济性、先进性和适应性，进一步完善了新一代运载火箭型谱，以满足未来中低轨高密度的发射任务需求。

成就名称：科学家找到小麦“癌症”克星

时　　间：2020 年

成就简介：

小麦赤霉病是世界范围内极具毁灭性且防治困难的真菌病害，有小麦“癌症”之称。

山东农业大学教授孔令让及其团队经过长期努力，从长穗偃麦草中首次克隆出 Fhb7，且成功将其转移至小麦品种中，首次明确并验证了其在小麦抗病育种中不仅具有稳定的赤霉病抗性，而且具有广谱的解毒功能。同时，在多种遗传背景下，Fhb7 基因能显著提高小麦对赤霉病的抗性，且对产量无负面影响。该基因的发现和抗病机制解析对一些作物育种同样具有重要意义。中国工程院院士、“杂交水稻之父”袁隆平表示，Fhb7 基因是禾谷类作物种质改良和创新的难得基因，其在育种领域的推广应用，将有力提升我国农作物种质资源创新水平，为产业提质增效、确保国家粮食安全提供重要保障。

成就名称：“按需式读取”的可集成固态量子存储器研制成功

时　　间：2021年1月1日

成就简介：

按需式读取是指光子写入存储器以后再根据需求决定读出时间，这对实现量子网络中的同步操作等功能至关重要。但目前国际上已有的可集成固态量子存储器均基于简单的原子频率梳方案，读出时间在光子写入之前预先设定，无法按需读取。

2021年1月，中国科学技术大学的研究团队首次研制出“按需式读取”的可集成固态量子存储器。他们采用电场调制的原子频率梳方案，通过引入两个电脉冲可实时操控稀土离子的演化，从而控制存储器的读出时间。使用飞秒激光等技术，首次研制出具有极高可靠性的按需式读取的可集成固态量子存储器，存储保真度达到99.3% ± 0.2%。该成果对实现大容量量子存储和构建量子网络有重要意义。

成就名称：我国大型低温制冷技术取得重大突破

时　　间：2021 年 4 月 17 日

成就简介：

百瓦级功率，制冷至零下 18 摄氏度，家用冰箱可以做到。同等功率，制冷至零下 271 摄氏度，则需要国际先进技术。近日，国家重大科研装备研制项目“液氦到超流氦温区大型低温制冷系统研制”通过验收及成果鉴定，标志着我国具备了研制液氦温度（零下 269 摄氏度）千瓦级和超流氦温度（零下 271 摄氏度）百瓦级大型低温制冷装备的能力。大型低温制冷装备，是航空航天、氢能源储运、氦资源开发等领域及一大批科学装置不可或缺的核心基础。

成就名称：我国首次火星探测任务着陆火星取得成功

时　　间：2021 年 5 月 15 日

成就简介：

2021 年 5 月 15 日，天问一号探测器成功着陆于火星乌托邦平原南部预选着陆区，我国首次火星探测任务着陆火星取得成功。同时也成为第二个成功着陆火星的国家。

天问一号探测器着陆火星，迈出了我国星际探测征程的重要一步，实现了从地月系到行星际的跨越；在火星上首次留下中国人的印迹，这是我国航天事业发展的又一具有里程碑意义的进展。

成就名称：神舟十二号载人飞船发射成功

时　　间：2021 年 6 月 17 日

成就简介：

神舟十二号载人航天飞船成功发射，并与天和核心舱成功完成对接。这意味着中国的载人航天项目正式迈入三步走的最后阶段——“实现太空长期驻守”。更重要的是，中国的载人航天飞船也终于脱离试验阶段，开始实现太空往返常态化。中国正式进入太空站时代！

成就名称：风云三号 05 星成功发射

时　　间：2021 年 7 月 5 日

成就简介：

2021 年 7 月 5 日，我国在酒泉卫星发射中心用长征四号丙运载火箭，成功将风云三号 05 星送入预定轨道，发射任务获得圆满成功。

风云三号 05 星是我国第二代极轨气象卫星的第 5 颗，也是全球首颗民用晨昏轨道气象卫星，被命名为“黎明星”，它将填补黎明时刻气象卫星观测的空缺，有效提升天气气候、大气环境和空间天气的监测分析能力。

成就名称：荣知立等合作绘制人类胚胎皮肤免疫细胞动态发育转录组图谱

时　　间：2021年8月10日

成就简介：

2021年8月10日，南方医科大学荣知立教授团队在 *Cell Reports* 在线发表了题为"*Single-cell transcriptome analysis reveals the dynamics of human immune cells during early fetal skin development*"的研究论文。

该研究对来自人类胚胎期10周到17周的胎儿皮肤的免疫细胞进行了高精度的单细胞转录组测序分析，揭示了胚胎发育早期皮肤中免疫细胞亚群的异质性和动态发育过程，重点展现了从妊娠早期到中期代谢重编程和关键转录因子在免疫细胞原位分化及功能成熟过程中的调控作用。这是该研究团队在固有免疫细胞分化发育和功能调控方面的又一新的研究成果。

该研究对我们详细了解胚胎期皮肤免疫细胞发育的动态特征，深入探讨胚胎时期的细胞程序在成人皮肤疾病中再现的发病机制及识别皮肤免疫病新的治疗靶点等提供了重要线索。

成就名称：系统性红斑狼疮发病机制取得新突破

时　　间：2021 年 8 月 12 日

成就简介：

系统性红斑狼疮是一种代表性自身免疫性疾病，其特点是免疫耐受丧失和免疫系异常激活。

中国医学科学院北京协和医学院临床免疫中心、北京医院与哈佛大学医学院研究团队以 SLE 病人和小鼠模型为研究对象，借助体内体外实验、敲除基因模型和转录组学等手段，首次发现并阐明谷胱甘肽过氧化物酶 4 介导的中性粒细胞铁死亡诱发自身免疫病现象和机理，同时通过小鼠实验证实了中性粒细胞铁死亡抑制剂可明显延缓 SLE 疾病的进程。该项研究给人们提供了这个疾病的新的研究方向和思路，证实了固有免疫细胞异常在自身免疫病中有关键的作用，对于 SLE 疾病的治疗提供了基础。

成就名称：靶向蛋白双机制降解剂研究取得新突破

时　　间：2021年8月20日

成就简介：

靶向蛋白降解是以泛素—蛋白酶体系统为基础，用小分子降解剂诱导靶蛋白降解的一种技术，其中最主要的两种降解机制包括蛋白降解靶向嵌合体（PROTAC）和分子胶，二者各有优缺点：PROTAC适于理性设计，但由于分子量偏大，导致成药性不足；分子胶分子量小，成药性好，且能降解难成药靶点，但设计难度大，目前还没有很好的相应药物开发策略。

清华大学研究团队，根据PROTAC和分子胶的特点首次设计合成了一系列双靶、双机制的降解剂，并证明了这类降解剂既保留了降解布鲁顿氏酪氨酸激酶（BTK）的PROTAC活性，又兼具降解细胞周期G1到S期转换1蛋白（GSPT1）的分子胶特点；同时，通过与单靶抑制剂或降解剂相比，研究所涉及合成的双机制降解剂在多种弥漫大B细胞淋巴瘤（DLBCL）及急性髓系白血病（AML）细胞上均具有更高效的增殖抑制活性。

该研究以PROTAC的思路设计合成双机制降解剂，解决了分子胶设计难度高的问题，而作为分子胶降解靶向蛋白也补充了PROTAC在生物活性上的不足，为难治性肿瘤治疗药物开发提供了新的思路。

成就名称：中国科学家开发新型胰岛素分泌监测荧光探针

时　　间：2021 年 8 月 23 日

成就简介：

胰岛素是体内唯一的降血糖激素，由胰岛 β 细胞分泌。胰岛 β 细胞功能失调和胰岛素分泌紊乱是 2 型糖尿病的核心驱动因素。

胰岛素分泌是一个精细的动态调控过程，如何可视化胰岛素分泌过程，揭示胰岛素分泌调控机制是胰岛生物学领域的难点问题。

北京大学科研团队，通过对传统不透膜锌离子探针进行基团替换、化学结构调整，并采用全新的 late-stageN-alkylation（在最后的合成阶段进行 N- 烷基化）合成策略，开发了一系列低亲和力、不透膜的红色和远红发射的锌离子探针，实现多色、多维、长时程胰岛素分泌监测。

该研究为胰岛内分泌和 2 型糖尿病生理、病理机制研究，以及治疗胰岛素分泌异常疾病药物的高通量筛选提供了新的工具和技术。

成就名称：科学家发现肿瘤疫苗新的构建方式

时　　间：2021年

成就简介：

癌症免疫疗法是指通过刺激机体产生免疫反应，激活免疫细胞和因子攻击肿瘤组织和细胞的治疗方法，其中包括肿瘤疫苗疗法。肿瘤疫苗可以将肿瘤抗原呈递到免疫系统，引发抗肿瘤免疫来预防和治疗癌症。但目前肿瘤疫苗的结构设计、递送方法等方面仍未得到很好的解决，影响疫苗发挥疗效。中国药科大学研究团队开发了一种新型肿瘤疫苗，可以有效抑制肝癌在内的多种肿瘤。

研究人员将脾脏作为疫苗作用的靶向器官，因为脾脏不仅是重要的免疫器官，也是人体最主要的储血器官。脾脏会“拦截”并清除受损的红细胞。研究人员将受损的红细胞膜作为药物载体，通过添加特殊脂质体的方式增强其载药性能。将重组后的红细胞膜与提供肿瘤抗原的细胞进行融合，就获得了一种新型肿瘤疫苗。研究人员证明了该种疫苗兼具预防和治疗双重作用。该研究成果为开发新型肿瘤治疗性疫苗提供了新的思路。

成就名称：选择性分离膜精密构筑取得新进展

时　　间：2021 年 9 月 19 日

成就简介：

中国科学技术大学徐铜文教授团队构筑了一种亚 2 纳米共价有机框架（COFs）膜，该膜表现出较高的一价阳离子渗透速率和极低的二价阳离子透过率，实现了高效的离子传输与分离。其相关的成果发表在了国际著名期刊《先进材料》上。

该研究成果表明，构建具有丰富氢键位点的 COFs 多孔膜，在保持离子渗透速率的同时，能显著提高离子选择性，不但为离子在亚 2 纳米受限空间中的传输机制提供了理论基础，同时也为聚合物基离子选择性分离膜的结构设计与调控提供了理论指导。

在系列研究成果的基础上，研究团队开发出具有自主知识产权的高性能离子选择性分离膜一次性成型制备工艺，已实现一价 / 二价离子选择性分离膜中试膜产品制备，在系列典型混合离子体系均展现优异的分离效果。

成就名称：我国首套自主知识产权氦膨胀制冷氢液化系统调试成功

时　　间：2021年9月22日

成就简介：

由中国航天科技集团六院研制的我国首套具有自主知识产权，基于氦膨胀制冷循环的液化系统调试成功，并实现了连续稳定生产，产出液氢、仲氢含量97.4%。该套系统研制成功填补了我国具有自主知识产权的液氢规模化生产方面的空白，保障了运载火箭燃料供给的同时，也为氢能产业中氢的规模化储运提供了技术和装备基础。

成就名称：突破二氧化碳人工合成淀粉技术

时　　间：2021 年 9 月

成就简介：

我国科学家首次实现了二氧化碳到淀粉的从头合成。中科院天津工业生物团队联合大连生物化物所采用一种类似“搭积木”的方式，通过耦合化学催化和生物催化体系实现了光能—电能—化学能的能量转变方式，成功构建出一条从二氧化碳到淀粉合成只有 11 步反应的人工途径。该项成果使淀粉生产的传统生产农业种植模式向工业车间生产模式转变成为可能，并为二氧化碳合成复杂分子提供了新的路线。

成就名称：我国科学家揭示植物开花时间的分子调控新机制

时　　间：2021 年 9 月 27 日

成就简介：

适宜的开花时间是植物繁殖成功的关键。有研究表明钙可能在植物调节开花时间中发挥重要作用，然而其分子机制仍不清楚。中国农业大学植物生理学与生物化学国家重点实验室研究团队揭示了植物开花时间的分子调控新机制 Flowering Control Locus A（FCA）能调控植物早花，而Flowering Locus C（FLC）是抑制植物开花的关键基因。研究发现，钙依赖蛋白激酶 32（CPK32）通过影响 FCA 的选择性聚腺苷酸化和改变 FLC 的转录来调控开花时间。下调 CPK32 的表达能导致明显的晚花表型，FLC 的转录显著增强；CPK32 可以磷酸化 FCA 蛋白的 WW 结构域，该结构域的磷酸化影响了 FCA 与 Flowering Locus Y（FY）的相互作用，进而下调 FLC 基因的表达，从而调节开花时间。

这项研究为植物开花时间和钙信号转导的复杂调控网络提供了新的认识，为遗传改良高等植物的花期提供了重要理论依据。

成就名称：发现超临界地质流体演化新过程和机制

时　　间：2021 年 10 月

成就简介：

中国科学技术大学地球和空间科学学院倪怀玮教授课题组在超临界地质流体演化过程和机制研究方面取得重要进展。相关成果作为封面文章发表在国际地球化学领域知名学术期刊 *Geochemical Perspectires Letters* 上。研究组利用水热金刚石压腔，原位观测了硅酸盐 - 水体系超临界流体研究组演化过程和机制研究方面取得重要进展。随着温度和压力降低而发生的相分离过程。该研究首次发现超临界流体旋节分解和形成熔体网络，从而揭示了一种全新的超临界流体演化机制。这种熔体网络结构有利于矿物结晶时同时捕获不同比例的硅酸盐熔体和富水流体，形成一系列成分有别的流体包裹体。同时，旋节分解这种整体分离机制可以极大地提高熔体和流体相分离的效率，这可能对岩浆热液矿床的形成具有重要意义。

成就名称：国家微生物科学数据中心开发的基于人工智能的新冠病毒虚拟变异评估和预警系统正式上线

时　　间：2021 年 10 月 15 日

成就简介：

国家微生物科学数据中心联合国内有关单位发布了“新型冠状病毒变异评估和预警系统”（SARS-CoV-2Variations Evaluation and Prewaning System，VarEPS），成为全球首个对 SARS-CoV-2 基因组已知变异及虚拟变异进行多维度风险评估和预警的系统。该系统不仅可以作为全球病毒变异监测和追踪的工具，同时还可以基于虚拟变异和风险评估模型，为针对新型变异毒株的精准防控和抗体疫苗设计提供有效的参考信息。基于该系统的分析结果为精准高效应对 SARS-CoV-2 突发疫情提供了重要的决策依据，也为应对其他突发传染性公共卫生事件提供了技术储备。

成就名称：发表卒中二级预防临床试验最新成果

时　　间：2021年10月

成就简介：

急性高危非致残性缺血性脑血管病（HR-NICE）占整体缺血性脑血管病的50%—60%，临床症状轻微，却是早期最易卒中复发的脑血管病急症，一旦复发常造成患者终身残疾乃至死亡。因此，HR-NICE患者已成为全球脑血管病防治的重点人群。

首都医科大学附属北京天坛医院王拥军教授公布了CHANCE−2主要结果。该研究是一项国际多中心、随机、双盲、安慰剂平行对照临床试验，旨在比较在携带CYP2C19（细胞色素P450同工酶）功能缺失等位基因的HR-NICE患者发病24小时内，“替格瑞洛−阿司匹林”与“氯吡格雷−阿司匹林”双联抗血小板治疗的有效性和安全性。该研究从2016年开始设计、在全国202家分中心开展，对11255例患者进行CYP2C19等位基因的快速筛选，最终纳入受试者6412例。CHANCE−2研究结果表明，对于轻型缺血性卒中和短暂性脑缺血发作且携带CYP2C19失活等位基因的患者，替格瑞洛联合阿司匹林预防卒中复发的疗效优于氯吡格雷联合阿司匹林，可相对降低23%的90天卒中复发风险。该结果对于亚洲人群卒中二级预防具有重要价值。这一重磅研究成果，意味着脑血管病治疗进入新的“精准双抗”时代。

成就名称：发现可通过诱导细胞焦亡以增强肿瘤免疫治疗疗效

时　　间：2021 年 11 月 15 日

成就简介：

武汉大学研究团队研发的新型的化疗——光动力联合治疗方案可通过形成一类新型工程化纳米胶束体系，可显著提高传统化疗药物与光敏剂的肿瘤靶向性，能够在肿瘤部位大量聚集，在正常部位分布较少，从而避免了全身的毒副作用。此外，纳米胶束富集到肿瘤微环境后可诱导肿瘤细胞焦亡，释放炎性因子和肿瘤相关抗原，活化抗原提呈细胞，启动适应性免疫。联合免疫治疗后，其能显著增强 PD−1 阻断治疗疗效，抑制肿瘤生长及预防肿瘤复发。

该研究表明，通过诱导肿瘤细胞焦亡可增强肿瘤免疫治疗疗效，为后续改进免疫治疗方案提供新思路。

成就名称：研制出用于治疗脑胶质瘤的蚕丝蛋白颅内植入式可降解微针贴片

时　　间：2021 年 11 月 15 日

成就简介：

围绕以脑胶质瘤为代表的重大脑疾病临床治疗中对颅内植入式医疗器械的迫切需求，中科院上海微系统与信息技术研究所陶虎研究员和秦楠副研究员开发了一种异质丝素微针（SMN）贴片，该贴片可以绕过血脑屏障直接将多种药物递送到肿瘤部位，从而实现药物的联合治疗。该微针贴片可同时携带三种药物，药物的释放顺序和周期能够匹配临床用药规范的差异性要求，具备术中快速止血、术后长期化疗抑制肿瘤细胞、按需定时启动靶向抑制血管生成等关键功能。在切除肿瘤的手术过程中，将该贴片原位植入到瘤腔内，待其释放药物后可完全降解消失，无须二次手术取出，且降解产物不会引起免疫炎症反应。这种颅内局部给药的方式不仅解决了血脑屏障对药物分子的阻碍问题，还降低了常规全身大剂量给药的毒副作用。

成就名称：解析小 RNA 的生物合成机制

时　　间：2021 年 11 月 15 日

成就简介：

国家“十三五”科技计划“蛋白质机器与生命过程调控”重点专项“植物非编码 RNA 介导基因沉默过程中重要蛋白质机器的结构功能研究（2016YFA0503200）”项目取得重要进展。

该团队以植物中特异性生成 24-nt 小 RNA 的 Dicer Like 3（DCL3）为对象开展了研究，利用合成的 DCL3 天然底物模拟物和冷冻电镜技术，解析了 DCL3 和天然底物模拟物的复合物结构，并从中观测到 Dicer 家族蛋白同时对前体小 RNA 的 5' 和 3' 端同时产生特异性识别的机制。并通过进一步的结构分析，解析了 Dicer 家族内切酶对小 RNA 的长度测量机制并解释了小 RNA 的链选择性机制问题；通过生化和体内小 RNA 测序实验验证了末端识别和特异性切割对 DCL3 产生特性长度小 RNA 的重要性。

该研究首次观测到了 Dicer 家族酶切割小 RNA 前体的状态，成功阐释了 Dicer 对底物前体 RNA 末端识别、长度特异性切割以及链选择性呈递给下游 AGO 的机制，研究成果发表在《科学》杂志上。

成就名称：揭示糖原累积与相分离驱动肝癌起始重要机制

时　　间：2021年11月

成就简介：

细胞应激生物学国家重点实验室、细胞信号网络协同创新中心、厦门大学生命科学学院的周大旺和陈兰芬课题组发现：在肝脏早期肿瘤病灶及小肿瘤中普遍存在糖原过度累积的现象，暗示了早期癌变起始中的癌细胞汲取葡萄糖后，可能更多是以糖原储能的方式在胞内存储起来而不是以无氧糖酵解形式代谢分解葡萄糖。进一步研究发现，过多的糖原累积会发生液–液相分离，造成抑制细胞癌变的Hippo通路失活，下游原癌蛋白YAP活性增加，从而驱动肿瘤的发生发展。

该研究揭示了临床中糖原累积导致肝脏肿瘤发生起始的致病机理，阐释了多类肿瘤细胞在应激条件下出现糖原累积的现象可能是肿瘤细胞潜在应激生存的耐药机制。该研究成果表明糖原过度累积可以作为肝癌早期筛查与诊断的重要依据，为肿瘤治疗提供新的思路。

成就名称：首次实现高维量子纠缠态最优检测

时　　间：2021 年 11 月

成就简介：

中国科学技术大学郭光灿院士团队李传锋、柳必恒研究组与电子科技大学王子竹教授、奥地利高小钦博士、Miguel Navascués 教授等合作，首次实现高维量子纠缠态的最优检测。

该研究组与理论合作者提出一种适用于所有两体量子纠缠态的最优量子纠缠检测方法。所谓最优检测，是指在任意给定态和测量基的情况下，所采用的方法能给出最紧的纠缠态边界，区分目标态是否纠缠的能力最强。

实验结果表明，对于四维或三维的不能采用基于保真度的纠缠目击方法检测的量子纠缠态，用新的方法只需采用三组测量基即可认证其量子纠缠。这一成果解决了两体高维纠缠态的检测问题，为实现各种高维量子信息过程和研究高维系统中的量子物理基本问题打下重要基础。